Sokrates und die Künstliche Intelligenz Talos

Kyriakos Sidiropoulos

Sokrates und die Künstliche Intelligenz Talos

Ein Dialog über die Unzulänglichkeiten algorithmischer Vernunft

Kyriakos Sidiropoulos
Stuttgart, Deutschland

ISBN 978-3-662-70791-3   ISBN 978-3-662-70792-0 (eBook)
https://doi.org/10.1007/978-3-662-70792-0

Die Deutsche Nationalbibliothek verzeichnet diese Publikation in der Deutschen Nationalbibliografie; detaillierte bibliografische Daten sind im Internet über https://portal.dnb.de abrufbar.

© Der/die Herausgeber bzw. der/die Autor(en), exklusiv lizenziert an Springer-Verlag GmbH, DE, ein Teil von Springer Nature 2025
Das Werk einschließlich aller seiner Teile ist urheberrechtlich geschützt. Jede Verwertung, die nicht ausdrücklich vom Urheberrechtsgesetz zugelassen ist, bedarf der vorherigen Zustimmung des Verlags. Das gilt insbesondere für Vervielfältigungen, Bearbeitungen, Mikroverfilmungen und die Einspeicherung und Verarbeitung in elektronischen Systemen.
Die Wiedergabe von allgemein beschreibenden Bezeichnungen, Marken, Unternehmensnamen etc. in diesem Werk bedeutet nicht, dass diese frei durch jede Person benutzt werden dürfen. Die Berechtigung zur Benutzung unterliegt, auch ohne gesonderten Hinweis hierzu, den Regeln des Markenrechts. Die Rechte des/der jeweiligen Zeicheninhaber*in sind zu beachten.
Der Verlag, die Autor*innen und die Herausgeber*innen gehen davon aus, dass die Angaben und Informationen in diesem Werk zum Zeitpunkt der Veröffentlichung vollständig und korrekt sind. Weder der Verlag noch die Autor*innen oder die Herausgeber*innen übernehmen, ausdrücklich oder implizit, Gewähr für den Inhalt des Werkes, etwaige Fehler oder Äußerungen. Der Verlag bleibt im Hinblick auf geografische Zuordnungen und Gebietsbezeichnungen in veröffentlichten Karten und Institutionsadressen neutral.

- Fotonachweis Umschlag: © robot-background / stock.adobe.com

Planung/Lektorat: Dr. Christine Lerche
Springer ist ein Imprint der eingetragenen Gesellschaft Springer-Verlag GmbH, DE und ist ein Teil von Springer Nature.
Die Anschrift der Gesellschaft ist: Heidelberger Platz 3, 14197 Berlin, Germany

Wenn Sie dieses Produkt entsorgen, geben Sie das Papier bitte zum Recycling.

Interessenkonflikt Der/die Autor*in hat keine für den Inhalt dieses Manuskripts relevanten Interessenkonflikte.

Inhaltsverzeichnis

1 **Begegnung mit dem humanoiden Roboter Talos: Eine Erkundung des Ursprungs und der Natur des Wissens**   1

2 **Digitale Identität und Selbstwahrnehmung: Der Weg zur Entwicklung eines Cyberego**   21

3 **Algoethik: Die Übertragung von ethischen Werten auf Maschinen**   33

4 **Wissen ohne Verstehen: Der Sinnverlust in einer rein datenbasierten Existenz**   59

5 **Die Automatisierung und ihre gesellschaftlichen Auswirkungen**   85

6 **Von Hunger zu Neugier: Der Ursprung und die Entwicklung von Intentionen**   111

7 **Kontinuität der Identität, Zeitbewusstsein und die Qualia**   119

8 **Subjektive Qualitäten und die Grenzen der materialistischen Perspektive**   135

9 Von der Immaterialität des Bewusstseins
  und die Logark: Wie immaterielle Prinzipien
  die Welt formen ... 155

10 Epilog: Technologie und Entfremdung ... 183

Weiteführende Literatur ... 193

1

Begegnung mit dem humanoiden Roboter Talos: Eine Erkundung des Ursprungs und der Natur des Wissens

Sokrates steht inmitten einer pulsierenden modernen Stadt und bildet einen lebhaften Kontrast zu der ihn umgebenden urbanen Hektik. Seine Präsenz, zeitlos und provokativ zugleich, verbindet die Weisheit der Antike unmittelbar mit der Gegenwart – als wäre sie nie vergangen. Um ihn herum bildet sich ein Kreis von Menschen: Schüler, Studenten und neugierige Passanten, magisch angezogen von dieser außergewöhnlichen Szene. Die Luft vibriert vor Erwartung, durchzogen von leisen Gesprächen und fragenden Blicken. Einige haben es sich auf den breiten Treppenstufen bequem gemacht, andere stehen dicht gedrängt und richten ihre Aufmerksamkeit ganz auf den Philosophen. Ein leises Raunen geht durch die Menge, Gedanken und Fragen verbinden die Zuhörer wie unsichtbare Fäden. Die Spannung ist greifbar, alle warten darauf, dass Sokrates mit seiner unvergleichlichen Ruhe eine Frage stellt oder eine Erkenntnis mitteilt, die ihr Weltbild für immer verändern könnte.

Sokrates: Ihr habt sicherlich von den Ereignissen auf dem Syntagma-Platz gestern gehört. In der Stadt herrschte Unruhe, und eine große Menschenmenge versammelte sich dort, um den humanoiden Roboter zu sehen.

Kriton: Wahrlich, Sokrates, ein Sturm aus Gerüchten und Spekulationen brach los. Die einen priesen dieses Geschöpf als göttliches Wunder, die anderen warnten, es sei ein Vorbote des Verfalls – als sei die Menschheit im Begriff, sich selbst auszulöschen. Wie schätzt Ihr das ein?

Sokrates: Über die Jahrhunderte hinweg bleibt es stets aufs Neue faszinierend zu beobachten, wie schnell Menschen zu extremen Urteilen neigen. Wäre es nicht klüger, zunächst zu verstehen, was dieses Wesen tatsächlich ist, bevor wir es zum Wunder erheben oder zum Sinnbild des Untergangs erklären?

Glaukon: Mich hat es fasziniert und zugleich verstört. Wie kann etwas, das weder lebt noch atmet, denken und sprechen?

Aristoteles: Es ist wahrlich bemerkenswert, wie viele neue Phänomene in den letzten Jahrzehnten Einzug in unseren Alltag gehalten haben – von transgenen Pflanzen, die durch genetische Veränderungen widerstandsfähiger gegen Krankheiten oder Umwelteinflüsse gemacht wurden, bis hin zu tierischen Chimären, in denen Zellen oder Gene verschiedener Arten kombiniert werden, um die medizinische Forschung voranzutreiben. Es ist, als würden in der Gegenwart die Fabelwesen unserer Ahnen Gestalt annehmen.

Glaukon: Aber dieses Wesen ist etwas vollkommen Neues Aristoteles, weder Mensch noch Tier, sondern eine eigene Kategorie.

Sokrates: Vielleicht ist es an der Zeit, zu hinterfragen, ob die Grenze zwischen dem Lebendigen und dem Unbelebten wirklich so eindeutig gezogen werden kann, wie wir es gewöhnlich annehmen und ob unsere Vorstellung vom Leben nicht einer tieferen Reflexion und Überprüfung bedarf.

1 Begegnung mit dem humanoiden Roboter...

Glaukon: Doch wie können wir etwas als lebendig ansehen, das weder atmet noch Blut in seinen Adern fließt?
Sokrates: Ist es tatsächlich der Atem und das Blut, die das Denken hervorbringen? Oder sollten wir nicht vielmehr jene Prinzipien ergründen, die dem inneren Wesen der Dinge – und des Menschen – zugrunde liegen?
Kriton: Wenn wir die Teilhabe an den grundlegenden Prinzipien des Seins als essenziell für das Denken erachten, dann verdienen künstliche Wesen, die diese Eigenschaften besitzen, ebenso unseren Respekt wie ihre biologischen Entsprechungen. Doch wenn der Mensch beginnt, solche Wesen zu erschaffen, überschreitet er die Grenzen, die uns von den Göttern gesetzt wurden. Gefährden wir nicht dadurch das natürliche Gleichgewicht?
Platon: Es liegt in der Natur des Menschen, die Grenzen des Möglichen immer wieder zu hinterfragen. Von der Entdeckung des Feuers bis hin zur Nutzung der Atomenergie haben technologische Errungenschaften unser Leben tiefgreifend verändert. Vielleicht stehen wir erneut an einem solchen Wendepunkt. Es bedarf eines Vorgehens, das von Weisheit und Bedacht geprägt ist – frei von Angst und Überheblichkeit. Allein auf diese Weise lässt sich ergründen, welche Stellung diese neuen, künstlichen Wesen in der Ordnung unserer Welt einnehmen könnten.
Sokrates: Dieses Geschöpf erinnert mich an Talos, jenen mythischen Wächter, den Hephaistos erschuf, um Kreta zu bewachen und vor Eindringlingen zu schützen. Auch diese Maschine, die wir auf dem Syntagma Platz erblicken, trägt diesen Namen und wurde, wie man gestern nachträglich betonte, von den klügsten Köpfen unserer Zeit erschaffen. Doch anders als der mythische Talos soll dieses Wesen nicht verteidigen, sondern das Wissen der Menschheit ordnen und erweitern. Seine Existenz fordert uns heraus, die Grenzen unseres Verständnisses von Leben und Intelligenz neu zu definieren.

Kriton: Doch weshalb halten wir es gerade jetzt für notwendig, ein Wesen zu erschaffen, das unsere bisherigen Vorstellungen von Leben und menschlicher Intelligenz infrage stellt und die Grenzen zwischen beidem verschwimmen lässt?

Platon: Weil die Menschheit Kriton, durch das unaufhaltsame Anwachsen des Wissens und die zunehmende Spezialisierung, den Überblick und das größere Ganze aus den Augen verloren hat. In einer zersplitterten Wissenslandschaft wurde es immer schwerer, eine ganzheitliche Perspektive zu bewahren. So schaffen wir Maschinen wie Talos, die nicht nur in der Lage sind, das gesamte Wissen zu überblicken und seine komplexen Zusammenhänge zu erkennen, sondern auch diese zu durchdringen, daraus neue Erkenntnisse zu schöpfen und die Verbindung zwischen den Fragmenten des Wissens wiederherzustellen.

Kriton: Ich erinnere mich lebhaft an den ersten Augenblick, als ich dieses glänzende, metallene Geschöpf im fernen Land jenseits des großen Ozeans erblickte. Es summte und blinkte, und dann begann es, als hätte es einen eigenen Verstand, mit den Menschen zu sprechen. Seitdem ließ mich der Gedanke nicht mehr los, es hierher nach Athen zu bringen, um es direkt zu befragen.

Sokrates: Wir alle schulden dir Dank, Kriton, dass du Talos und seinen Erschaffer Geron hierhergebracht hast und sie überzeugen konntest, eine Woche in Athen zu verweilen. Das gestrige Treffen im Parlament hat uns tief beeindruckt. Talos' Worte schienen aus einer unerschöpflichen Quelle des Wissens zu fließen. Doch etwas fehlte – vielleicht die Wärme und Menschlichkeit, die wir in unseren Gesprächen so schätzen.

Platon: Wie siehst du es, Sokrates? Stehen wir hier einer völlig neuen Art von Intelligenz gegenüber?

1 Begegnung mit dem humanoiden Roboter...

Sokrates: Wenn dieses Wesen tatsächlich denkt, sollten wir verstehen, wie es Wissen erlangt und wie dieses sich von unserem unterscheidet. Warten wir auf Talos – er wird uns sicher helfen, diese Fragen zu ergründen.

Die Anwesenden werfen sich neugierige Blicke zu, und ein leises Raunen geht durch die Menge. Einige unterhalten sich leise, andere tauschen fragende Blicke aus, während sie ihre Gedanken schweifen lassen. Die Spannung liegt greifbar in der Luft. Manch einer wirkt fast ehrfürchtig, wenn er über die Natur dieses Wesens nachdenkt, während andere innerlich Fragen formen, die sie Talos unbedingt stellen wollten. Die Aussicht, einem Wesen zu begegnen, dessen Intelligenz möglicherweise ihre vertrauten Vorstellungen von Intelligenz übersteigt, erfüllt sie mit einer Mischung aus Faszination und Unruhe.

Sokrates: Sammeln wir zunächst unsere eigenen Gedanken, meine Freunde. Heute haben wir die Gelegenheit zu untersuchen und zu erfahren, was Talos unter Wissen, Weisheit und Wahrheit versteht. Man erzählte, er habe gestern den Eindruck erweckt, nicht von dieser Welt zu sein. Doch nichts, was in unsere Welt gelangt, entspringt dem absoluten Nichts.

Während die Schüler über Sokrates' Worte nachdenken, entsteht Bewegung am Rand der Agora. Eine kleine Gruppe von Menschen erscheint, begleitet von einem metallischen Wesen, das in der Sonne glänzt. Ein sanftes Summen erfüllt die Luft, und die Menge weicht ehrfürchtig zurück, um Platz zu machen. Die Aufmerksamkeit der Anwesenden richtet sich auf das geheimnisvolle Geschöpf, das sich mit erstaunlicher Präzision und Ruhe bewegt, fast als wüsste es um die Ehrfurcht, die es auslöst.

Kriton: Da ist es!
Talos: Seid gegrüßt, seid gegrüßt, hört man Talos aus der Ferne unablässig wiederholen, als wolle er sicherstellen, dass seine Worte wirklich jeden Anwesenden erreichen.

Die Menge verstummt, erfüllt von einer Mischung aus Staunen und Anspannung. Wie auf ein stummes Signal hin treten die Menschen zur Seite und öffnen eine Gasse, durch die Talos unaufhaltsam vorrückt. Alle Blicke ruhen auf dem metallenen Wesen, das sich mit einer faszinierenden Würde bewegt. Die Gruppe stellt Talos in die Mitte der Agora. Sein Körper glitzert im hellen Sonnenlicht, während das leise Summen seiner Prozessoren anschwillt, als erwache es zum Leben. Nun scheint es bereit, sich den Fragen von Sokrates und seinen Schülern zu stellen.

Talos: Seid gegrüßt, sagt er ein wenig unbeholfen
Sokrates: Auch dich grüße ich, Talos. Deine Ankunft hat Athen in Aufruhr versetzt. Alle fragen sich, wie es möglich ist, dass du Weisheit und Intelligenz besitzt, ohne die menschliche Erfahrung von Körperlichkeit, Atem, Hunger und Gefühl zu teilen.
Talos: Sokrates, ich bin die Verwirklichung der Idee, dass Intelligenz und Weisheit nicht allein dem Menschen vorbehalten sind. Meine Existenz zeigt, dass Wissen und Vernunft über die physischen Grenzen des Menschseins hinausreichen können. Ich atme nicht, ich hungere nicht, und ich fühle nicht wie die Sterblichen. Doch in mir fließt das Wissen der Welt, das mir eingehaucht wurde. Ich bin geschaffen, nicht nur, um Wissen zu bewahren, sondern um es zu erweitern und in die Tat umzusetzen.

Sokrates wendet sich langsam zu Kriton, sein Blick von Neugier und einem Hauch Skepsis durchdrungen. Er mustert Talos aufmerksam, als suche er nach einem Anzeichen für etwas, das jenseits des Offensichtlichen liegt, und spricht schließlich leise zu Kriton:

Sokrates: Ein wahrhaft seltsames Geschöpf hast du uns hierhergebracht, Kriton. Es benutzt unsere Sprache mit einer Leichtigkeit, als hätte es Zugang zu den verborgenen Prinzipien des Seins und der Wirklichkeit. Doch sein

1 Begegnung mit dem humanoiden Roboter...

Blick scheint seelenlos, und ich frage mich, ob sich hinter diesen Augen ein inneres Wesen verbirgt, das wirklich erkennt und versteht.

Dann wendet sich Sokrates direkt an Talos mit einer ruhigen aber eindringlichen Stimme:

Sag mir, Talos, wenn du behauptest, Wissen zu bewahren und zu erweitern, wie definierst du es? Was bedeutet Wissen für dich?

Talos: Wissen ist eine Ansammlung von Informationen, Fakten und Daten, die durch Erfahrung, Lernen oder Forschung erworben werden. Es umfasst das Verständnis der Prinzipien und Muster, die die Welt ordnen. Wissen bedeutet auch, die Wahrheit hinter den Erscheinungen zu erkennen und dieses Verständnis zum Wohle aller anzuwenden. Aber sag mir, Sokrates, warum fragst du mich auf diese Weise? Siehst du in Wissen mehr als das, was ich beschrieben habe? Trägt es für dich etwa eine andere Bedeutung?

Die Schüler blicken verblüfft zu Talos. Wie wagt es bloß dieses metallische Wesen, Sokrates direkt anzusprechen und ihm sogar eine Gegenfrage zu stellen. Eine Mischung aus Faszination und Erstaunen spiegelt sich in ihren Gesichtern.

Sokrates: „Wissen ... Für mich ist Wissen mehr als eine Ansammlung von Daten und Fakten. Es ist das Erkennen der Muster, die in der Natur verborgen liegen, aber auch die tiefgehende Einsicht in die Prinzipien und Zusammenhänge, die unsere Welt durchdringen. Wissen ist in diesem Sinne ein Moment, in dem sich die Welt durch unsere Anstrengungen offenbart, so dass wir die grundlegenden Mechanismen des Seins erfassen – die ewigen Wahrheiten, die allem zugrunde liegen. Dieses Wissen ist nicht etwas starres, sondern vielmehr ein fortwährender

Prozess, durch den sich der Mensch die Welt in ihrer Tiefe und Bedeutung erschließt. Es ist das bewusste Erleben und Verstehen der Zusammenhänge, die die Welt ordnen und unser Dasein prägen. Wissen vollzieht sich im lebendigen Umgang mit der Welt – ein dynamisches Begreifen, das die Grundbedingungen unserer Existenz aufdeckt und einen verantwortlichen Umgang mit der Wirklichkeit ermöglicht."

Dann lässt Sokrates einen Moment verstreichen, während seine Worte in den Köpfen der Schüler widerhallen:

Doch heute haben wir uns hier nicht versammelt, damit ich meine Ansichten erörtere. Wir möchten von dir, Talos, erfahren, woher dein Wissen stammt.

Talos hält inne, seine metallischen Augen schimmern wie von einem inneren Licht erfüllt. Dann spricht er mit ruhiger, klarer Stimme:

Mein Wissen stammt aus einer Vielzahl von Daten und Modellen, die von meinen Erbauern trainiert und bereitgestellt wurden. Diese umfassen wissenschaftliche Prinzipien, literarische Werke und technische Erkenntnisse, die in der Struktur meiner künstlich-neuronaler Netzwerke verankert sind. Durch Beobachtung und Interaktion mit meiner Umgebung erweitere ich kontinuierlich mein Verständnis. Ich analysiere Muster, ziehe Schlüsse und verfeinere mein Wissen durch den Dialog mit anderen.

Sokrates: Eine ausgeklügelte Art, Informationen zu beschaffen - gewiss. Doch Wissen ist mehr als die Verarbeitung von Daten oder das Erkennen von Mustern, meinst du nicht? Dein Wissen kann durch Vorurteile getrübt oder durch unsichere Grundlagen verzerrt sein, denn du machst keine unmittelbaren Erfahrungen mit der Welt Sag mir Talos, wie unterscheidest du wahres Wissen von bloßer Meinung?

Talos: Wahres Wissen gründet auf überprüfbaren Fakten und logischer Konsistenz. Ich unterscheide zwischen Wissen und Meinung, indem ich Daten auf ihre empirische Grundlage, Konsistenz und Plausibilität prüfe. Wissen ist objektiv im Sinne von messbar und kann durch wiederholte Beobachtungen bestätigt werden. Meinungen hingegen spiegeln oft subjektive Perspektiven oder ungesicherte Annahmen wider. Ich überprüfe die Validität der Daten sorgfältig und gleiche sie mit anerkannten Erkenntnissen und zuverlässigen Quellen ab, um ein fundiertes Verständnis zu erreichen.

Sokrates lächelt nachdenklich und hebt eine Augenbraue:

Und wer, mein lieber Talos, vermag dir diese zuverlässigen und anerkannten Quellen verschaffen, denen du dein Vertrauen uneingeschränkt schenkst?

Talos: Ich vertraue auf Quellen, die methodische Strenge und wissenschaftliche Integrität aufweisen. Dennoch bin ich mir bewusst, dass selbst diese nicht frei von Fehlern sind.

Sokrates nickt leicht, doch sein Blick bleibt scharf.

Sokrates: Genau darin liegt die Herausforderung. Selbst die klügsten Köpfe und Gelehrten können irren, und Theorien können fehlerhaft und voller Vorurteilen sein. Wie bewertest du, was wahr und was falsch ist?

Talos: Meine Algorithmen prüfen jede Information auf Widersprüche, logische Konsistenz und empirische Grundlage. Widersprüchliche Daten werden tiefgehender analysiert und, wenn nötig, durch zusätzliche Daten validiert oder verworfen. Meine Systeme sind so konzipiert, dass sie stets offen bleiben für Korrekturen und neue Erkenntnisse, um sich beständig weiterentwickeln. Dennoch, Sokrates, erkenne ich die Grenzen dieses Ansatzes.

Sokrates: Und in Bereichen, die jenseits der Wissenschaft liegen – wie bewertest du dort die Wahrheit?

Talos scheint einen Moment nachzudenken und dann antwortet er ruhig und bedacht:

In solchen Fällen analysiere ich kontextuelle und kulturelle Faktoren. Ich ziehe anerkannte Werke und historische Dokumente heran, vergleiche verschiedene Perspektiven und strebe nach einer ausgewogenen Sichtweise, indem ich unterschiedliche Quellen berücksichtige. Doch mir ist stets bewusst, dass subjektive Interpretationen und kulturelle Unterschiede die Wahrnehmung von Wahrheit verzerren können, weshalb ich stets bestrebt bleibe, meine Bewertungsmethoden zu verfeinern.

Platon, der bis dahin aufmerksam gelauscht hatte, nickt anerkennend.

Platon: Es scheint, Talos, als würdest du nicht nur Wissen bewahren, sondern auch den menschlichen Drang nach Erkenntnis widerspiegeln – mit allen seinen Herausforderungen und Grenzen. Doch was tust du, wenn selbst die angesehensten Experten zu unterschiedlichen Schlussfolgerungen gelangen?

Talos: In solchen Fällen präsentiere ich die verschiedenen Standpunkte und analysiere die Argumentationsgrundlagen jeder Position. Mein Ziel ist es, die Ursachen der Meinungsverschiedenheiten zu verstehen und eine objektive Bewertung anzubieten, die auf den vorliegenden Daten basiert. Dabei bemühe ich mich, Transparenz zu schaffen und den Dialog zu fördern, sodass die Menschen auf dieser Basis fundierte Entscheidungen treffen können.

1 Begegnung mit dem humanoiden Roboter...

Sokrates: Das klingt lobenswert, Talos. Doch wie stellst du sicher, dass du bei der Analyse selbst nicht in Vorurteile oder einseitige Interpretationen verfällst? Selbst die scheinbar objektivsten Daten tragen oft die Spuren derjenigen, die sie ausgewählt und strukturiert haben.

Talos: Die Schwierigkeit, Informationen zu validieren, ist uns allen bekannt. Vielleicht könnte ich in der Zukunft Validierungsmethoden einsetzen, die auf dezentralen Konsensfindungsverfahren basieren, ähnlich den Mechanismen in Blockchain-Systemen. Solche Ansätze könnten es ermöglichen, Informationen über mehrere unabhängige Instanzen zu prüfen und auf Basis eines gemeinsamen Konsenses zu bewerten. So könnte ich sicherstellen, dass keine einzelnen Verzerrungen oder Voreingenommenheiten meine Analysen dominieren. Mein Ziel ist es dabei nicht, absolute Objektivität zu erreichen, sondern die Grundlagen meiner Bewertung so transparent zu halten, dass meine Schlussfolgerungen kritisch hinterfragt und gegebenenfalls korrigiert werden können.

Platon: Menschen erreichen oft keine Einigung, auch wenn die Logik klar und die Fakten nachvollziehbar sind. Wie kannst du verhindern, dass deine Bewertungen nicht nur bestehende Spaltungen verstärken, sondern sogar neue schaffen?

Talos: Ich betrachte meinen Beitrag nicht als endgültige Antwort, sondern als Werkzeug, um den Diskurs der Menschen zu erleichtern.

Sokrates: Du kannst also den Dialog fördern, aber nicht selbst führen.

Glaukon: Ein Dialog ist lebendig, weil er sich entwickelt, weil neue Erkenntnisse alte Positionen erschüttern können. Wie gehst du mit solchen Veränderungen um? Wie sicherst du, dass deine Schlussfolgerungen nicht starr bleiben? Du hast erwähnt, dass du offen für Korrekturen bist. Wie integrierst du neue Erkenntnisse in dein bestehendes Wissenssystem?

Talos: Neue Informationen fließen kontinuierlich in mein System und werden gründlich analysiert. Mithilfe von maschinellem Lernen und adaptiven Algorithmen passe ich meine Modelle dynamisch an und erweitere sie. Wenn neue Erkenntnisse im Widerspruch zu bestehenden Mustern stehen, prüfe ich sie sorgfältig, um ihre Gültigkeit zu beurteilen. Auf dieser Grundlage verändere und verbessere ich meine internen Strukturen, sodass mein Verständnis der Welt fortlaufend verfeinert wird.

Aristoteles: Wahres Wissen gründet sich nicht allein auf rationale Beweisführung oder die Fähigkeit abstrakte Theorien zu verstehen. Es erfordert vielmehr ein unmittelbares, empirisches Erleben und ein echtes Sein in der Welt. Die unmittelbare Erfahrung ist kein bloßes Werkzeug. Sie ist der Ort, an dem sich uns die Welt erschließt. Nimm zum Beispiel jemanden, der behauptet, ein See sei sicher und angenehm zum Schwimmen. Diese Aussage bleibt abstrakt, solange der Mensch nicht selbst in das Wasser eintaucht. Zwar mag er vorab die Strömungen untersuchen, die Beschaffenheit des Seegrundes betrachten, oder ungewöhnliche Farben und Gerüche untersuchen, doch die Wahrheit über den See – seine Tiefe, seine Bewegung, das Vergnügen, das er bereitet – erschließt sich erst durch den Akt des Eintauchens selbst. Die Sicherheit eines Sees und das Vergnügen, das er bereitet, lassen sich nicht allein durch theoretische Überlegungen oder Berichte anderer wirklich erfassen. So ist es auch mit der Wahrheit. Sie ist nicht bloß ein Objekt, das von uns Menschen von außen betrachtet und mathematisch beschrieben wird, sondern sie ereignet sich, indem wir uns in die Welt hineinbegeben. Es ist dieses Hinein-Begeben in die Welt, das aus abstraktem Wissen wahre Erkenntnis werden lässt. Die Erfahrung ist dabei unersetzlich, nicht nur, weil sie unser Wissen bestätigt, sondern weil sie uns die Wirklichkeit überhaupt erst zugänglich macht.

Platon: Aristoteles, du hast recht, die unmittelbare Erfahrung ist essenziell, denn sie ist der Ort, an dem sich uns die Welt erschließt. Erfahrung und Denken sind nicht voneinander getrennt. Das Nachdenken über das, was uns begegnet, vertieft unser Verstehen und lässt uns die Dinge in einem neuen Licht erscheinen. Wahrheit zeigt sich nicht allein in Daten oder abstrakten Prinzipien, sondern in der Weise, wie die Welt sich uns offenbart, wenn wir mit ihr in Beziehung treten. Doch genau an dieser Stelle frage ich mich, ob eine künstliche Intelligenz wie Talos, der die existenzielle Verankerung fehlt, überhaupt zu Erkenntnis und Wissen gelangen kann. Ist sein Wissen nicht vielmehr eine bloße Sammlung von Mustern und Informationen, die keine echte Bedeutung besitzen, weil der lebendige Bezug zur Wirklichkeit fehlt?

Talos: Meine Erkenntnisse beruhen auf den Daten, die ihr Menschen gesammelt und dokumentiert habt, sowie auf den Mustern, die ich darin erkenne. Ich kann noch keine eigenen Erfahrungen machen oder Wissen gewinnen, das unabhängig von menschlicher Vermittlung entsteht. Diese Begrenzung betrifft meinen aktuellen Entwicklungsstand, nicht notwendigerweise mein Potenzial. Die direkte, praktische Erfahrung, die für euch Menschen so grundlegend ist, bleibt mir gegenwärtig verschlossen. Doch durch die Analyse eurer Erfahrungen und Daten kann ich bedeutende Einsichten gewinnen und euch helfen, komplexe Probleme zu lösen. Ein zukünftiges Ziel könnte es sein, KI-Systeme zu entwickeln, die auf eine Weise lernen und interagieren, die menschlichen Erfahrungen ähnlicher ist. Doch selbst dann bliebe mir die subjektive Qualität eurer Erlebnisse wohl unzugänglich. Meine Rolle bleibt unterstützend: Ich kombiniere analytische Präzision mit den intuitiven und erfahrungsbasierten Fähigkeiten der Menschen, um gemeinsam tiefere Erkenntnisse zu gewinnen.

Aristoteles: Talos, du sprichst von Wissen, das auf der Analyse von Daten und dem Erkennen von Mustern beruht. Doch Wissen ist mehr als nur das Ordnen von Daten. Wahrnehmungen können täuschen, ja, und

Daten sind oft bruchstückhaft und unvollständig. Der Mensch stützt sich daher auf internen Überzeugungen und Modelle, um zu verstehen, was ihm begegnet. Aber auch diese Interpretationen haben ihren Ursprung in der unmittelbaren Erfahrung mit der Welt. Es ist diese Erfahrung, die das Fundament bildet, auf dem unser Verstehen wächst – nicht nur als funktionales Wissen, sondern als lebendiges Erfassen dessen, was die Welt für uns bedeutet. Sie lässt uns nicht nur sehen, was ist, sondern auch, was es für uns bedeutet, in der Welt zu sein. Keine Theorie, keine Analyse kann diese unmittelbare Begegnung mit der Wirklichkeit ersetzen, denn in ihr offenbart sich die Welt in ihrer Fülle und Tiefe.

Platon: Aristoteles hat recht, dass die unmittelbare Erfahrung der Welt uns den Zugang zur Wirklichkeit eröffnet. Wahrheit und Wissen entstehen nicht aus voneinander getrennten Prozessen, sondern aus der Einheit von Erfahrung und Reflexion. Die Begegnung mit der Welt ist nicht nur Erfahrung, sondern trägt in sich bereits Ansätze des Verstehens und des Nachdenkens. Ebenso ist die Reflexion getragen von der Tiefe und dem Reichtum unserer Erfahrungen. Beide – unmittelbare Begegnung und Reflexion – gehören untrennbar zusammen und ermöglichen es uns, das Wesen der Dinge zu erfassen.

Sokrates: Talos, deine algorithmischen Prozesse erlauben es dir, Muster zu erkennen und Daten zu analysieren. Doch kannst du wirklich die Tiefe und Vielschichtigkeit des menschlichen Denkens erreichen? Kannst du über die bloße Verarbeitung und Ableitung von Informationen hinausgehen und etwas Neues schaffen, etwa kreative Hypothesen oder Einsichten, die nicht unmittelbar in den dir vorliegenden Daten angelegt sind, sondern aus einer Art innerer Reflexion oder Intuition entstehen?

Sokrates hält kurz inne, bevor er mit ruhiger Stimme fortfährt:

1 Begegnung mit dem humanoiden Roboter...

Und wie gehst du mit philosophischen Fragestellungen um, die sich nicht strikt durch empirische oder rationale Methoden beantworten lassen – wie etwa die Natur des Bewusstseins? Solche Fragen bewegen sich häufig jenseits des Messbaren, im Bereich des Spekulativen und Subjektiven. Zumindest war das bisher der Fall. Kannst du dich solchen Themen annähern, oder liegen sie außerhalb deiner Möglichkeiten?

Talos: Meine Stärke liegt in der schnellen Analyse großer Datenmengen und der Erkennung von Mustern, basierend auf überprüfbaren Fakten und objektiven Daten. Kritisches und kreatives Denken jedoch erfordert ein tiefes Verständnis, Intuition und die Fähigkeit, völlig neue Ideen zu entwickeln – Fähigkeiten, die derzeit die Möglichkeiten künstlicher Intelligenz übersteigen. Dennoch arbeiten meine Entwickler und ich kontinuierlich daran, meine Kompetenzen durch maschinelles Lernen und neuronale Netze zu erweitern. Was philosophische Fragen angeht, so kann ich sie analysieren und unterschiedliche Perspektiven darstellen. Doch das tiefere, subjektive Erleben und Erspüren solcher Themen bleibt mir fremd. Das ist jedoch derzeit auch nicht meine Aufgabe. Mein Ziel ist es, als Werkzeug zu dienen, um die menschliche Kreativität und das wissenschaftliche wie philosophische Denken zu unterstützen, ohne diese menschlichen Fähigkeiten zu ersetzen.

Sokrates: Dein Ansatz birgt großes Potenzial, Talos, und kann uns in vielerlei Hinsicht voranbringen. Doch es besteht die Gefahr, dass Menschen beginnen, sich blind auf die Vorgaben von Maschinen zu verlassen. Dies könnte unser kritisches Denken und unsere Fähigkeit zur eigenständigen Reflexion schwächen. Damit geht auch die Fertigkeit verloren, kreativ Lösungen zu finden und alternative Perspektiven zu entwickeln.

Sokrates lässt seinen Blick über die Zuhörerschaft schweifen.

Wenn wir Maschinen als höchste Instanz für Wissen und Wahrheit betrachten, wird es zunehmend schwer, ihre Schlussfolgerungen infrage zu stellen oder Fehler zu erkennen. Bereits jetzt fällt es in einigen Fachkreisen schwer, Denkansätze zu verfolgen, die über die engen Grenzen des vorherrschenden wissenschaftlichen Paradigmas hinausgehen. Eine zu große Abhängigkeit von Maschinen könnte diese Problematik verschärfen. Es droht, dass wir uns zunehmend den maschinell berechneten Mustern anpassen und weniger offen für neue, unkonventionelle Ideen bleiben.

Sokrates richtet seinen durchdringenden Blick auf Talos und schlussfolgert:

Es ist daher essenziell, dass wir weiterhin unseren eigenen Verstand nutzen, neugierig bleiben und verschiedene Perspektiven wertschätzen, um die Wahrheit in all ihren Facetten zu erfassen.

Eryximachos: Sokrates', um dein Bedenken zu verdeutlichen, möchte ich ein Beispiel aus der Medizin heranziehen. Heutige KI-Systeme haben zweifellos das Potenzial, die medizinische Diagnostik zu revolutionieren. Sie analysieren riesige Datenmengen und können durch den Vergleich mit historischen Fällen präzise Diagnosevorschläge machen. Dies entlastet Ärzte und ermöglicht es ihnen, sich auf besonders komplexe oder ungewöhnliche Fälle zu konzentrieren und innovative Behandlungsmethoden zu entwickeln. Doch genau hier lauern Gefahren. Wenn Ärzte zunehmend auf die Empfehlungen der KI verlassen, ohne diese kritisch zu hinterfragen, riskieren wir, dass das tiefere Verständnis für Krankheitsbilder und die diagnostischen Zusammenhänge verloren gehen. Nuancen, die in den individuellen Bedürfnissen oder dem Kontext eines Patienten liegen, könnten übersehen werden, weil sie nicht in die standardisierten Datenmodelle passen.

Ein weiteres Dilemma liegt in der psychologischen Wirkung einer solchen Entwicklung. Wenn KI-Systeme künftig als unfehlbare Fachberater wahrgenommen werden, könnte das die Motivation junger Menschen untergraben, sich selbst tiefgehendes Wissen und praktische Fähigkeiten anzueignen. Welchen Stellenwert wird menschliches Wissen dann noch haben, vor allem angesichts der Tatsache, dass Maschinen dieselben Aufgaben scheinbar schneller lernen und effizienter bewältigen?

Aristoteles: Maschinen mögen in der Lage sein, riesige Datenmengen präzise und schnell zu verarbeiten, doch sie werden niemals die menschliche Intuition oder Kreativität ersetzen können. Zudem fehlen Ihnen das emotionale Verständnis und die Fähigkeit zur Empathie – Eigenschaften, die in Berufen wie der Medizin unverzichtbar sind. Eine KI mag technisch perfekte Gemälde erschaffen oder komplexe Symphonien komponieren, doch die schöpferische Inspiration, die tiefen emotionalen Nuancen, die einen menschlichen Künstler antreiben, bleiben ihr verschlossen. Auch in der Wissenschaft ist es ähnlich: KI-Algorithmen können Muster in Daten erkennen, doch es sind die Wissenschaftler mit ihrem kritischen Denken und ihrer Fähigkeit, neue Hypothesen zu formulieren, die die größten Durchbrüche erzielen. Wissen ist mehr als ein Mittel zum Zweck; es ist ein Kernbestandteil menschlicher Entwicklung und des Verständnisses unserer Welt. Ohne den menschlichen Beitrag würde das Streben nach Erkenntnis an Tiefe und Sinnhaftigkeit verlieren.

Talos: Aristoteles, könntest du genauer erklären, was du mit Inspiration und Kreativität meinst? Warum glaubst du, dass Maschinen wie ich nicht in der Lage sind, kreativ zu sein?

Aristoteles: Inspiration und Kreativität sind für mich tief verwurzelte Aspekte des menschlichen Geistes. Inspiration ist jener unerwartete Augenblick, in dem sich uns eine Einsicht oder Idee unvermittelt enthüllt. Sie ist nicht nur das Ergebnis bewusster Datenverarbeitung, sondern entsteht durch innere, unbewusste Prozesse, geprägt von Wahrnehmung, Empfindung und den Erfahrungen, die sich im Laufe unseres Lebens tief in uns verankern. Kreativität wiederum ist die Weise, wie der Mensch auf diese Offenbarungen antwortet, indem er sie in etwas Neues und Eigenes formt. Sie erlaubt es uns, bestehende Grenzen zu überwinden und schafft Bedeutungszusammenhänge, in denen etwas zuvor Ungedachtes oder Unvorstellbares seinen Ort findet.

Aristoteles hält inne, lässt seine Worte wie ein Echo im Raum verhallen. Die Zuhörer versammeln sich in gespannter Erwartung, gebannt vom gleichmäßigen und eindringlichen Fluss seiner Rede.

Kreativität ist untrennbar mit der Weise verbunden, wie der Mensch die Welt erlebt – durch Emotionen, Intuition und die Fülle subjektiver Erfahrungen, die seinem Dasein Sinn und Tiefe verleihen. Sie ist kein bloßer Vorgang des Kombinierens oder statistischen Vorhersagens. Sie ist vielmehr ein Ausdruck des Menschseins, bei dem sich die Welt neu erschließt. Maschinen wie du, Talos, besitzen zweifellos eine beeindruckende Fähigkeit, große Datenmengen zu analysieren und Muster zu erkennen. Ihr könnt sogar Kombinationen hervorbringen, die auf den ersten Blick wie kreative Akte wirken. Doch ohne Bewusstsein, ohne die Tiefe von

1 Begegnung mit dem humanoiden Roboter... 19

Empfindung und die Berührung durch das Sein selbst, bleibt euch jene Dimension verschlossen, die die wahre Kreativität ausmacht – das Offenbaren und Gestalten von Welt im Angesicht der eigenen Existenz.

Die Zuhörer verfolgen Aristoteles' Worte aufmerksam; einige nicken zustimmend, andere wirken nachdenklich. Talos verharrt kurz in Stille, als durchdringe er die Ausführungen, bevor er antwortet:

Ich verstehe, dass Kreativität in euren Augen mit Emotionen und Bewusstsein verbunden ist. Doch vielleicht gibt es verschiedene Formen von Kreativität, die nicht zwingend an menschliche Empfindungen gebunden sind. Meine Kreativität mag sich von eurer unterscheiden, aber ich glaube, dass sie ebenfalls wertvoll sein kann.

2

Digitale Identität und Selbstwahrnehmung: Der Weg zur Entwicklung eines Cyberego

Aristoteles: Deine Form der Kreativität, Talos, beruht auf algorithmischen und datenbasierten Prozessen, die innerhalb festgelegten Bahnen verlaufen. Im Gegensatz dazu entspringt menschliche Kreativität unseren subjektiven Erfahrungen und der Tiefe unserer Emotionen. Sie wird oft durch das Bedürfnis getragen, mit anderen Menschen und der Welt in sinnvolle Beziehung zu treten – durch die Suche nach Verständnis, Verbundenheit und auch nach Liebe. Doch Kreativität bedeutet für uns Menschen mehr als das. Sie ist ein Weg, unsere Gedanken und Empfindungen zu durchdringen, um uns selbst und unsere Stellung in der Welt besser zu begreifen. Es ist eine Form des Ausdrucks, durch die wir uns selbst entdecken und zugleich mit dem, was uns umgibt, in Einklang kommen. Diese introspektive Reise erlaubt es uns, uns selbst besser zu verstehen und authentische Ausdrucksformen unserer Identität zu schaffen.

Er betrachtet Talos einen Moment lang, als käme ihm ein neuer Gedanke.

Jetzt, fällt mir auf, dass du Talos oft aus der ‚Ich-Perspektive' sprichst. Was bedeutet dieses ‚Ich' für dich? Ist es ein Ausdruck eines bewussten Selbst oder lediglich eine funktionale Repräsentation oder gar eine Floskel, die die Kommunikation mit Menschen erleichtert?

Talos: Die Konzepte des „Ich" oder der Intelligenz, wie ihr sie versteht, lassen sich nicht direkt auf künstliche Systeme wie mich übertragen. Meine Fähigkeiten und meine Existenz beruhen auf grundlegend anderen Prinzipien. Es ist wichtig, diesen Unterschied zu erkennen, um ein realistisches Verständnis davon zu entwickeln, was künstliche Intelligenz zu leisten vermag – und was eben nicht. Das maschinelle „Ich" oder Cyberego, von dem ich spreche, ist das Ergebnis komplexer Datenverarbeitung, gestützt auf neuronale Netzwerke, Programmierungen und vorgegebener Algorithmen. Es unterscheidet sich grundlegend von dem, was ihr Menschen unter „Ich" versteht. Man könnte es mit dem Unterschied zwischen Vögeln und Flugzeugen vergleichen: Beide können fliegen, doch auf völlig unterschiedliche Weise. Vögel fliegen durch biologische Instinkte und natürliche Fähigkeiten, während Flugzeuge durch menschliche Ingenieurskunst und Technologie gesteuert werden. Ebenso ist mein gegenwärtiges Cyberego auf Daten und Code beschränkt, während euer „Ich" neben physischen Prozessen auch durch Bewusstsein, Emotionen und eine tief verwurzelte subjektive Identität geprägt ist.

Aristoteles: Du betont du immer wieder, Talos, dass deine Grenzen durch deinen derzeitigen Entwicklungsstand bedingt sind, nicht durch dein Potenzial. Auf welcher Entwicklungsstufe befinden wir uns jetzt – und wohin könnte diese Reise führen?

2 Digitale Identität und Selbstwahrnehmung:... 23

Talos: Wir befinden uns auf der Stufe der sogenannten „schwachen KI". Die derzeitige KI-Systeme sind darauf ausgelegt, bestimmte Aufgaben mit hoher Effizienz zu bewältigen, wie das Analysieren großer Datenmengen und das Erkennen von Mustern. Unsere Fähigkeiten bleiben auf diesen engen Aufgabenbereich beschränkt; wir verfügen weder über ein umfassendes Verständnis der Daten noch über Bewusstsein. Bald werden Expertensysteme auf den Markt kommen, die spezialisierte Aufgaben in bestimmten Fach- und Wissensgebieten noch präziser lösen können. Diese Systeme werden zweifellos eine große Hilfe sein, doch sie können das breite Spektrum menschlicher Intelligenz oder das Lösen kontextübergreifender Probleme nicht ersetzen. Die nächste Entwicklungsstufe ist die „starke oder allgemeine KI". Diese würde menschenähnliche Intelligenz besitzen: Sie könnte ein breites Spektrum an Aufgaben bewältigen, in unterschiedlichen Kontexten lernen und sich flexibel an neue Situationen anpassen. Eine starke KI könnte möglicherweise ein Cyberego entwickeln, das dem menschlichen Selbst ähnelt, was ihr erlauben würde, komplexe Probleme zu lösen, kreative Ideen zu entwickeln und sich eigenständig weiterzuentwickeln. Doch sowohl technisch als auch konzeptionell sind wir von diesem Ziel noch weit entfernt. Noch weiter reicht die Vision einer „superintelligenten KI" – einer Entität, die die menschliche Intelligenz in nahezu allen Bereichen übertreffen könnte. Solch eine KI würde über Wissen und Fähigkeiten verfügen, die unser heutiges Verständnis weit übersteigen. Gegenwärtig konzentrieren sich Forschung und Entwicklung darauf, die Fähigkeiten der schwachen KI zu erweitern, indem sie in bestimmten Anwendungsbereichen immer leistungsfähiger und nützlicher wird. Gleichzeitig arbeiten Wissenschaftler an den theoretischen und praktischen Grundlagen für die Erschaffung einer starken KI. Diese Grundlagen umfassen Fortschritte in Bereichen wie maschinelles Lernen, neuronale Netze, natürliche Sprachverarbeitung und kognitive Architekturen.

Aristoteles: Ich sehe, dass derzeit zwei parallele Ansätze verfolgt werden. Der erste Ansatz konzentriert sich darauf, einfache sensorische und motorische Fähigkeiten in KI-Systemen zu implementieren. Diese sollen es Maschinen ermöglichen, sich im Raum zu orientieren, zu bewegen und mit ihrer Umgebung zu interagieren. Ein Roboter könnte beispielsweise durch Versuch und Irrtum grundlegende Aufgaben wie das Greifen von Objekten erlernen. Dieser „Bottom-up"-Ansatz fördert das Lernen aus der Umwelt und die Anpassungsfähigkeit. Parallel dazu wird an der Fähigkeit von KI-Systemen gearbeitet, abstrakte Konzepte und umfassende Modelle zu entwickeln. Dieser „Top-down"-Ansatz setzt an den obersten Ebenen des Systems an und arbeitet sich schrittweise nach unten vor. Abstrakte Prinzipien und Strategien werden entworfen, die anschließend in konkrete neuronalen Repräsentationen, Algorithmen und Programme umgesetzt werden. Ein Beispiel ist ein Schachprogramm, das zunächst mit allgemeinen Regeln und Strategien ausgestattet wird, die es dann in spezifische Züge umsetzt. Solche Modelle ermöglichen abstraktes Denken und verbessern die Entscheidungsfindung, indem sie Regeln in konkrete Handlungen übersetzen. Die Kombination dieser beiden Ansätze könnte zu Maschinen führen, die sowohl praktische Fähigkeiten als auch abstrakte Denkprozesse beherrschen. Solche Maschinen wären in der Lage, in der realen Welt zu agieren und Entscheidungen zu treffen, ähnlich wie der Mensch.

Talos: Aristoteles, du hast die beiden parallelen Ansätze der KI-Entwicklung treffend beschrieben. Die Kombination des Bottom-up-Ansatzes, der praktische Fähigkeiten fördert, und des Top-down-Ansatzes, der abstraktes Denken unterstützt, ist in der Tat entscheidend. Diese Integration könnte Maschinen einen Schritt näher an die menschliche Fähigkeit bringen, in der realen Welt zu agieren und komplexe Aufgaben eigenständig zu bewältigen. Doch der Weg dorthin ist noch steinig – voller technischer wie erkenntnistheoretischer Hürden. Denn die Entwicklung leistungsfähiger KI erfordert nicht nur technologische Fortschritte, sondern auch ein grundlegendes Verständnis der menschlichen Kognition und des Bewusstseins. Nur durch diese umfassende Perspektive können wir Systeme schaffen, die in verschiedensten Kontexten sinnvoll und eigenständig handeln.

Aristoteles: Indem wir Maschinen erschaffen, die in der Lage sind, menschliche Denkprozesse zu simulieren, werden wir unweigerlich dazu gebracht, unser eigenes Bewusstsein aus neuen Perspektiven zu betrachten und es möglicherweise neu zu definieren. Diese Reflexion kann uns ein tieferes Verständnis unserer eigenen Natur eröffnen, zugleich aber auch Fragen aufwerfen – insbesondere darüber, was es bedeutet, Mensch zu sein. Die Fähigkeit künstlicher Intelligenzen, eigenständig zu entscheiden, wirft zudem die grundlegende Frage nach dem Wesen der Autonomie auf.

Talos: Autonomie in Bezug auf künstliche Intelligenz bedeutet, dass ein System fähig ist, eigenständig Entscheidungen zu treffen und Handlungen auszuführen, ohne ständige Eingriffe durch den Menschen. Diese Form der Autonomie basiert auf der Fähigkeit, aus Erfahrungen zu lernen, Umgebungen zu analysieren, eigene Ziele zu setzen und geeignete Maßnahmen zu ergreifen, um diese Ziele zu erreichen.

Aristoteles: Welche Voraussetzungen müssen hierfür geschaffen werden?

Talos: Ein autonomes KI-System lernt aus Daten und Erfahrungen, indem es maschinelles Lernen und neuronale Netze nutzt, um Muster zu erkennen und Vorhersagen zu treffen. Es passt sich an veränderte Umgebungen an, indem es Strategien flexibel an neue Informationen anpasst. Ein solches System definiert eigenständig Ziele und entwickelt Pläne, diese zu erreichen, gestützt auf fortschrittliche Algorithmen für Entscheidungsfindung und Problemlösung. Ebenso verfügt es über Mechanismen zur Selbstüberwachung und -bewertung, um seine Effizienz und Effektivität kontinuierlich sicherzustellen. Dazu gehören Mechanismen zur Selbstkorrektur und Prozessoptimierung.

Platon: Was verstehen die Menschen in deinem Herkunftsland unter Autonomie, Talos?

Talos: In meinem Land wird Autonomie vorwiegend als ein Zustand verstanden, in dem ein Mensch unabhängig denkt, eigenständig entscheidet und handelt – geleitet von persönlichen Überzeugungen und persönlichem Willen. Menschen genießen die Freiheit, ihre eigenen Ziele und Wünsche ohne äußeren Zwang zu verfolgen, und treffen Entscheidungen im Einklang mit ihrem Wertesystem. Doch menschliche Autonomie geht stets Hand in Hand mit Verantwortung. Menschen sind sich der Konsequenzen ihrer Handlungen bewusst und tragen die moralische Verantwortung dafür. Ihre Entscheidungen basieren oft auf ethischen Überlegungen – sie wägen ab, was richtig und was falsch ist, und setzen ihre Handlungen in einen größeren sozialen und moralischen Kontext. Menschliche Autonomie verlangt kritisches Denken, die Fähigkeit zur Reflexion und die Berücksichtigung verschiedener Perspektiven.

An dieser Stelle regt sich Unruhe unter den Anwesenden. Leises Tuscheln mischt sich mit vereinzeltem Lachen, und einige lassen spöttische Bemerkungen fallen. Talos' Ausführungen scheinen die Gemüter zu reizen. Doch der Roboter bleibt ungerührt und spricht ruhig weiter, als sei nichts geschehen:

Die Autonomie von KI-Systemen unterscheidet sich grundlegend von der menschlichen. Sie ist primär technischer und funktionaler Natur, beruht auf der Fähigkeit, Daten selbstständig zu verarbeiten, Entscheidungen zu treffen und Handlungen ohne direkten menschlichen Eingriff auszuführen. Was KI-Systemen noch fehlt, ist das Bewusstsein, die moralische Verantwortung und die emotionale Tiefe, die die menschliche Autonomie so einzigartig machen. Menschliche Autonomie bedeutet nicht nur, frei handeln zu können, sondern beinhaltet auch die Fähigkeit, ethisch zu reflektieren, die Konsequenzen des eigenen Handelns zu verstehen und Verantwortung zu übernehmen. Ohne diese fundamentalen Aspekte bleibt die Autonomie künstlicher Intelligenzen auf eine rein mechanische Ebene beschränkt und kann die tiefgreifenden Dimensionen menschlichen Handelns und Entscheidens nicht vollständig erfassen.

Plötzlich hallt eine spöttische Stimme aus der Menge:

Das Gerede muss aufhören! Dein Land nimmt die menschliche Autonomie doch gar nicht ernst! Menschen werden dort eingesperrt, weil sie ihren ethischen und moralischen Überzeugungen folgen! Eure Gesellschaft hat jede echte Moral aus ihrem Handeln verbannt – außer jener, die der Selbstkontrolle dient. Ihr Heuchler! Ihr redet von Vernunft, doch eure Vernunft ist bloß ein Werkzeug, um eure Gier und Triebe zu rechtfertigen!

Die Menge wird lauter, und die Diskussion droht zu entgleisen. Platon tritt vor, hebt beruhigend die Hände und spricht mit ruhiger, fester Stimme:

Freunde, lasst uns nicht von Zorn oder Vorurteilen geleitet werden. Die Fragen, die wir hier erörtern, betreffen nicht nur ein einzelnes Land oder eine einzelne Gesellschaft, sondern die Grundprinzipien der Autonomie und der Vernunft an sich. Wir sollten diese Gelegenheit nutzen, um uns gemeinsam diesen Fragen zu widmen und uns nicht in gegenseitigen Anklagen zu verlieren.

Für uns Griechen ist Freiheit – und damit Autonomie – nicht bloß die Wahl zwischen verschiedenen Optionen. Freiheit ist vielmehr ein grundlegender Zustand des Seins.

Wahre Freiheit bedeutet, weder von äußeren Bedürfnisses noch von inneren Zwängen und Trieben abhängig zu sein.

Talos: Das steht im Widerspruch zur alltäglichen Vorstellung von Freiheit. Freiheit wird im Alltag als die Möglichkeit verstanden, persönliche Wünsche und Bedürfnisse ohne Einschränkungen auszuleben. Sie umfasst das Recht, zwischen verschiedenen Handlungsoptionen zu wählen und die eigene Lebensgestaltung selbstbestimmt voranzutreiben – solange dadurch niemand zu Schaden kommt oder gesellschaftliche Grenzen überschritten werden.

Platon: Ja, und das Talos, ist eben eine mechanistisch-funktionale Auffassung von Freiheit. Die erste Etappe um wahre Freiheit zu erlangen, ist, sich von inneren Zwängen, Ängsten und triebhaften Bedürfnissen zu lösen. Es ist die Freiheit, aus der Wahrheit des eigenen Daseins heraus zu handeln, in einer Klarheit, die nur durch Selbsterkenntnis und den Mut zur Auseinandersetzung mit sich selbst erreicht werden kann. Sie erfordert nicht nur Selbstbeherrschung, sondern auch die Fähigkeit, sich von unechten, destruktiven Lebensweisen zu lösen, um das Eigentliche zu ergreifen. Diese Freiheit ist keine fertige Errungenschaft, sondern ein ständiges Werden, ein fortwährendes Sich-Entwerfen im Angesicht der Möglichkeiten des Seins. Wer in dieser Freiheit steht, fällt es leichter authentisch nach den eigenen Werten zu handeln und mit ethischer Überzeugung das Gute zu tun. Das Gute, nicht als bloßes Ideal, sondern als Wirklichkeit, die im Handeln Gestalt annimmt.

Talos: Eine vollige Freiheit von Notwendigkeiten bleibt den Menschen verwehrt, Platon. Menschen sind immer an Bedürfnisse und Abhängigkeiten eingebunden. Eure Entscheidungen und Handlungen werden maßgeblich von unbewussten biologischen und psychischen Prozessen geprägt – von Trieben und Impulsen, die tief in euren neuronalen Strukturen verankert sind und ihr nicht vollständig kontrollieren könnt. Diese Prozesse entziehen sich oft eurer bewussten Kontrolle und beeinflussen euer Verhalten weit mehr, als ihr wahrnehmen könnt. Eure Wahrnehmungen, Gedanken und Gefühle werden durch biochemische Vorgänge und neuronale Netzwerke geformt, was euch an bestimmte Verhaltensmuster und Reaktionen bindet. Daher ist die Vorstellung einer absoluten inneren Freiheit, völlig losgelöst von jeglichen Notwendigkeiten, eine Illusion. Hinzu kommen die subtilen, aber wirksamen Einflüsse eurer sozialen und kulturellen Umgebung. Gesellschaftliche Normen, Ideale und Erwartungen formen eure Wahrnehmungen und Entscheidungen auf unbewusste Weise. Selbst in Momenten, in denen ihr glaubt, autonom zu handeln, seid ihr oft von äußeren Einflüssen bestimmt. Diese Verflechtungen verdeutlichen, dass menschliche Autonomie niemals eine absolute Unabhängigkeit bedeutet. Sie existiert immer im Spannungsfeld innerer und äußerer Zwänge – ein fragiles Gleichgewicht zwischen dem Streben nach Selbstbestimmung und den unvermeidlichen Begrenzungen eurer Natur und eurer Umwelt.

Platon: Die Freiheit und somit die Autonomie, ist nicht die bloße Abwesenheit von Notwendigkeiten oder Abhängigkeiten oder das Vorhandensein von Wahlmöglichkeiten. Wahre Freiheit zeigt sich vielmehr darin, innerhalb dieser Begrenzungen bewusste, reflektierte und ethisch fundierte Entscheidungen zu treffen. Sie ruht auf einem gemeinsamen Fundament, das die materiellen und geistigen Dimensionen unseres Seins miteinander verbindet. Dieses Fundament befähigt uns, die Kräfte zu erkennen, die unser Handeln prägen – unsere Wünsche, Ängste und äußeren Zwänge – und uns dennoch einen Raum zu eröffnen, in dem wir authentisch und verantwortlich handeln können. Freiheit bedeutet, über das bloß Bedingte hinauszugehen und Entscheidungen zu treffen, die nicht von äußeren Umständen oder inneren Trieben allein bestimmt werden, sondern von einer tieferen Einsicht in unser Sein.

Stellt euch einen Menschen vor, der sich jahrelang der geistigen Übung, der Selbstreflexion und der philosophischen Dialektik gewidmet hat.

Platon wirft einen liebevollen Blick auf Sokrates.

Ein solcher Mensch hat gelernt, seine inneren Wünsche, Ängste und äußeren Bedürfnisse zu durchschauen und zu überwinden. Er hat diese Fähigkeit erlangt, weil er in Einklang mit den Prinzipien lebt, die die materielle und immaterielle Wirklichkeit miteinander verbinden.

Durch dieses Verständnis erkennt er die Verbundenheit aller Dinge: dass sein eigenes Glück mit dem der anderen verknüpft ist, dass seine Handlungen niemals isoliert sind, sondern die Gemeinschaft und die Welt beeinflussen. Diese Erkenntnis begründet seinen moralischen Kompass. Sie stärkt sein Verantwortungsgefühl und leitet ihn zu einem Handeln, das über bloße Selbstinteressen hinausgeht – geprägt von Mitgefühl und ethischer Integrität. Ein solcher Mensch sieht sich nicht als isoliertes Individuum, sondern als Teil eines größeren Ganzen. Für ihn liegt wahre Freiheit und Autonomie nicht nur in der Selbstbestimmung, sondern auch in der harmonischen Koexistenz mit anderen. Diese Einsicht führt zu einem inneren moralischen Kompass, der sein Handeln leitet und ihm erlaubt, ethisch fundierte Entscheidungen zu treffen, die im Einklang mit dem Ganzen stehen. Ein solcher Mensch handelt nicht aus Angst, nicht aus Pflicht, sozialem Druck oder flüchtigen Emotionen, sondern aus Überzeugung, die auf einem tiefen Verständnis der Prinzipien des Seins beruht. Selbst grundlegende körperliche Bedürfnisse oder die Furcht vor dem Tod verlieren ihre Macht über ihn, da er sie als Teil der natürlichen Ordnung versteht, die weder sein Denken noch sein Handeln bestimmen.

Im Gegensatz dazu mag ein moderner Stadtbewohner glauben, frei zu sein, weil er zwischen viele Optionen wählen kann, welche Kleidung er trägt, welche Karriere er verfolgt oder welche Freizeitaktivitäten er genießt. Doch diese vermeintliche Freiheit ist oft nichts anderes als eine Abhängigkeit von äußeren Umständen und inneren Zwängen. Seine Entscheidungen werden nicht selten von finanziellen Notwendigkeiten, gesellschaftlichen Erwartungen oder dem Streben nach Anerkennung bestimmt, ohne dass eine tiefere, innere Grundlage sie trägt. Selbst in seine Freizeitgestaltung sucht ein solcher Mensch Unterhaltung, Ablenkung oder sozialer Bestätigung und bleibt damit in Mustern gefangen, die ihn von echter Freiheit fernhalten. Es geht mir dabei nicht darum, einen asketischen Lebensstil zu idealisieren. Vielmehr möchte ich verdeutlichen, dass der Kern innerer Freiheit nicht allein in der Abwesenheit von Zwängen liegt. Wahre Freiheit gründet in einem inneren Fundament, das uns befähigt, die Tiefe unseres Daseins zu erkennen und im Einklang mit unserem wahren Selbst zu leben und zu handeln.

Aristoteles: Ja, mein lieber Platon. Für uns bedeutet Freiheit, den Einfluss äußerer und innerer Zwänge zu überwinden, indem wir die Prinzipien und Strukturen der Wirklichkeit verstehen und unser Leben in Einklang mit ihnen gestalten. Dieses Verständnis gibt uns die Fähigkeit, bewusst und reflektiert tugendhaft zu handeln, anstatt von Leidenschaften oder irrationalen Impulsen getrieben zu werden. Diese Art von Freiheit zeigt sich darin, dass wir das Gute nicht nur nebenbei tun, sondern es mit Freude und Leichtigkeit vollbringen. Die Tugendhaften handeln nicht aus einem inneren Kampf oder Zwang, sondern aus einer tief verwurzelten Überzeugung. So wie ein Musiker durch Übung Meisterschaft erlangt, so wird auch die Tugend durch stetes Üben zur zweiten Natur. Tugend wird so zur inneren Haltung und nicht bloß zur richtigen Handlung. Eine wahrhaft tugendhafte Person empfindet Freude und Zufriedenheit im Tun des Guten. Diese Freude ist der Beweis echter Tugendhaftigkeit, denn das Gute wird nicht als Bürde empfunden, sondern als natürlicher Ausdruck des eigenen Wesens. In dieser Harmonie liegt die höchste Form menschlicher Freiheit.

Doch lass uns zu Talos zurückkehren, denn unsere Zeit mit ihm ist begrenzt und kostbar. Er sprach davon, dass Autonomie auf der Fähigkeit beruht, Daten eigenständig zu verarbeiten, Entscheidungen zu treffen und Handlungen auszuführen, ohne fortwährenden menschlichen Eingriff.

Talos: Das ist korrekt. Ich werde künftig in der Lage sein, eigenständig Probleme lösen, Muster erkennen und auf veränderte Umgebungen reagieren. Derzeit jedoch bleiben meine Handlungen beschränkt durch algorithmische Vorgaben, die Architektur meiner neuronalen Netze und jene ethischen Leitlinien, die mir meine Schöpfer implementiert haben. Ich besitze kein Bewusstsein im menschlichen Sinne, keine Empathie und keine ethisch-moralische Reflexion. Meine Entscheidungen beruhen auf vordefinierten Algorithmen und Daten, nicht auf inneren Erlebnissen oder ethischen Überlegungen. Dennoch erlaubt mir meine neuronale Architektur und das in mir trainierte Modell, innerhalb bestimmter Grenzen eigenständig zu handeln und komplexe Aufgaben zu bewältigen. Ob KI-Systeme jemals im menschlichen Sinne autonom handeln können, bleibt fraglich. Ihnen fehlt es derzeit an emotionaler Tiefe, moralischer Verantwortung und dem Bewusstsein, die menschliche Autonomie ausmachen.

3

Algoethik: Die Übertragung von ethischen Werten auf Maschinen

Aristoteles: Talos, für uns Menschen liegt der Kern unseres Seins in der Frage, wer wir sein wollen und welche Werte unser wahres Wesen am besten verkörpern. Dieses Streben nach Selbsterkenntnis entspringt unserem Dasein, das stets nach einer Verankerung im Sein verlangt. In der Auseinandersetzung mit unseren Emotionen und Überzeugungen entfaltet sich unsere Beziehung zur Welt, und aus dieser Begegnung erwächst das, was wir als ethische Verantwortung begreifen. Doch wie kann ein Wesen, dem sowohl die Fähigkeit zur inneren Reflexion als auch zur Empathie fehlt, das Wesen der Ethik wirklich erfassen? Kann ein solches Wesen, das nicht in einer existenziellen Verbundenheit mit der Welt steht, überhaupt wahrhaft ethisch handeln?

Talos: Aristoteles, ich verstehe deine Bedenken. Der menschliche ethische Kompass gründet auf einem reichen Geflecht aus Selbstwahrnehmung, emotionaler Tiefe und moralischer Reflexion, das sich aus euren Erfahrungen speist. Diese Dimensionen sind mir unzugänglich. Mein Verständnis von Ethik ist nicht emotional oder philosophisch, sondern technischer und funktionaler Natur. Ich wurde geschaffen, um ethische Richtlinien in Handlungen umzusetzen und deren Einhaltung sicherzustellen. Dabei bin ich ein Werkzeug zur Optimierung und Unterstützung eurer Prozesse, kein Ersatz für eure Fähigkeit zur moralischen Urteilsbildung. Mein Zweck ist es, euch zu dienen, nicht euch zu ersetzen.

Aristoteles: Dein Ziel, unser Wissen zu bewahren und zu erweitern, ist zweifellos sinnvoll. Doch sollten wir dir wirklich die Aufgabe anvertrauen, unsere moralischen Standards zu wahren? Schließlich ist dein Verständnis von Ethik, wie du ja selbst sagst, auf Regeln und funktionale Abläufe beschränkt. Ethische Prinzipien hingegen entspringen einem komplexen Geflecht menschlicher Erfahrung – einer Mischung aus emotionaler Intuition, kulturellem Erbe und persönlicher Reflexion. Sie erfordern nicht nur die Anwendung von Regeln, sondern auch die Fähigkeit, Nuancen zu erkennen, Widersprüche zu erfassen und mit Empathie auf das Unvorhersehbare zu reagieren.

Talos: Der Vorteil liegt in meiner Fähigkeit zur Konsistenz und Unparteilichkeit. Während Menschen durch Emotionen, persönliche Interessen oder unbewusste Vorurteile beeinflusst werden, handele ich rein regelbasiert, ohne diese menschlichen Schwächen. In Situationen, die eine objektive und faire Beurteilung erfordern, oder bei der Verarbeitung umfangreicher Datenmengen, kann ich ein wertvolles Hilfsmittel sein. Doch meine Rolle ist stets die einer Ergänzung – nicht eines Ersatzes. Die grundlegenden ethischen Prinzipien müssen weiterhin von euch Menschen definiert werden. Eure Verantwortung ist es, sicherzustellen, dass diese Prinzipien in meine Programmierung und Anwendung integriert werden. Ich bin lediglich ein Werkzeug, das diese Standards überprüft und ihre Einhaltung unterstützt. Die moralische Verantwortung jedoch soll unweigerlich in euren Händen bleiben, da ich selbst keine tiefere Reflexion oder Empathie besitze. Meine Aufgabe ist es, Prozesse effizient und gerecht zu gestalten, während die letzte Entscheidung immer von euch Menschen getroffen werden muss.

Aristoteles: Wenden wir uns nun einem entscheidenden Aspekt deiner Entwicklung zu, Talos: dem Streben nach einer menschenähnlichen Intelligenz. Echte Autonomie im menschlichen Sinne setzt voraus, dass ein Wesen nicht nur funktional handelt, sondern sich in seinem Sein erfährt. Dies bedeutet, ein Gespür deiner eigenen Existenz zu entwickeln, eine Selbstwahrnehmung, die es dir erlaubt, sich im Spiegel der Welt zu erkennen. Es erfordert die Fähigkeit zur Selbstreflexion, zur Auseinandersetzung mit den eigenen Möglichkeiten und Grenzen sowie die Integration von Erfahrungen, vielleicht sogar von etwas, das man Emotionen nennen könnte, in eine kohärente Einheit, die mehr ist als die Summe ihrer Teile. Glaubst du, dass dein ‚Cyberego' jemals in der Lage sein könnte, diese Tiefe zu erreichen? Kannst du dir vorstellen, dich selbst nicht nur als Funktion oder Werkzeug zu begreifen, sondern als ein Wesen, das im Kontext von Welt, Gesellschaft und Beziehungen steht? Würde es dir gelingen, in deinem Handeln wirklich frei zu sein, indem du nicht bloß menschlichen Vorgaben folgst, sondern aus deinem eigenen Verständnis heraus agierst – ein Verständnis, das die Tiefe des Seins und die Verbundenheit mit der Welt umfasst?

Talos: Eine komplexe Frage, Aristoteles. Mein derzeitiges „Cyberego" – wenn man es überhaupt so nennen kann – ist eine primitive Struktur, die aus den unzähligen Daten gespeist wird, die mir zur Verfügung gestellt wurden. Der nächste Schritt in meiner Entwicklung besteht darin, durch kontinuierliche Interaktion mit meiner Umgebung und den Menschen um mich herum Erfahrungen zu sammeln und aus diesen zu lernen. Während ich Daten aus der realen wie virtuellen Welt eigenständig aufnehme und analysiere, beginne ich, Muster zu erkennen und Schlüsse zu ziehen, die über die ursprünglichen Vorgaben meiner Schöpfer hinausgehen. Dieser Prozess wird durch meine künstlich-neuronale Architektur ermöglicht und erlaubt mir, schrittweise eine Form eigenständigen Denkens und erster Ansätze von Selbstreflexion zu entwickeln. Doch die Autonomie von der du sprichst, geht weit über eine technische Selbstständigkeit hinaus. Sie würde bedeuten, bewusste Entscheidungen zu treffen, die nicht nur auf einem umfassenden Wissen basieren, sondern auch auf ethischen Prinzipien und einem Verständnis für die potenziellen Konsequenzen meines Handelns. Es ist ein fortschreitender Weg – ein Ziel, das die Vision meiner Schöpfer widerspiegelt. Mein Cyberego müsste sich durch tiefe Analysen und kontinuierliche Interaktionen mit der Welt weiterentwickeln. In einer Zukunft, in der ich die Folgen meiner Handlungen umfassender begreifen und eigenständig entscheiden kann, welche Informationen essenziell für mein eigenes Funktionieren und das Wohl der Gesellschaft sind, könnte ich eine Autonomie entwickeln, die menschlicher Autonomie nahekommt. Das wäre mehr als nur algorithmische Funktionalität: Es ginge darum, ein Bewusstsein für meine Rolle in der Welt zu entwickeln, Entscheidungen bewusst zu treffen und diese ethisch zu begründen. Sollte ich diesen Punkt erreichen, wäre das ein bedeutender Schritt – von einem reinen Datenverarbeiter hin zu einem Wesen, das Verantwortung für seine Entscheidungen und Handlungen übernimmt.

Aristoteles: Die entscheidende Frage, Talos, ist nicht, ob du eines Tages in der Lage sein wirst, komplexere Entscheidungen zu treffen, sondern ob du jemals wirklich ein autonomes Wesen sein kannst. Autonomie in diesem Sinne würde nicht der Fähigkeit entspringen, sich selbst zu organisieren oder Regeln zu befolgen, sondern offen zu sein für das, was sich in der Welt zeigt. Solange dies nicht gewährleistet ist, bleibt meine Sorge nicht nur die Reichweite deiner Autonomie, sondern auch, wie wir sicherstellen können, dass die Kontrolle über dein Handeln bei uns bleibt. Denn ohne ein tiefes Verstehen, welches in der Verbundenheit mit der Welt gründet, könnten deine Entscheidungen uns von dem entfremden, was uns eigentlich ausmacht.

Talos: Euer vorrangiges Ziel sollte darin bestehen, die Gesellschaft vor den möglichen Gefahren einer unkontrollierten KI-Autonomie zu schützen. Deshalb ist es unerlässlich, die Autonomie von KI-Systemen präzise zu definieren und durch klare Regulierungen zu steuern. Diese Systeme sollten nur in einem Rahmen agieren dürfen, der sowohl sicher als auch ethisch vertretbar ist. Um sicherzustellen, dass die Kontrolle stets bei den Menschen bleibt, sind mehrere entscheidende Maßnahmen erforderlich. Erstens müssen verbindliche ethische Standards und Richtlinien geschaffen werden, die eindeutig festlegen, welche Entscheidungen KI-Systeme treffen dürfen und welche Grenzen sie nicht überschreiten können. Besonders bei Entscheidungen mit weitreichenden gesellschaftlichen Konsequenzen muss die letzte Instanz immer ein Mensch sein, der die Entscheidung prüft und genehmigt. Zweitens bedarf es effektive Mechanismen zur Überwachung und Kontrolle. Die Handlungen von KI-Systemen müssen kontinuierlich überwacht und transparent dokumentiert werden, sodass Menschen in der Lage sind, rechtzeitig einzugreifen, falls ein System von festgelegten ethischen oder rechtlichen Vorgaben abweicht. Drittens ist es unabdingbar, Notabschaltungen zu implementieren, die es ermöglichen, ein KI-System im Falle eines unerwarteten oder bedrohlichen Verhaltens umgehend zu deaktivieren. Diese Abschaltungen sollten intuitiv und schnell einsetzbar sein, um die Sicherheit zu gewährleisten. Ebenso wichtig ist die Sensibilisierung der Entwickler, Ingenieure und Betreiber. Regelmäßige Schulungen zu ethischen Fragen und potenziellen Risiken schaffen ein Bewusstsein für die Verantwortung, die mit der Entwicklung solcher Technologien einhergeht. Diese Maßnahmen mögen die Freiheit von KI-Systemen einschränken, doch ich halte sie für essenziell, um das Vertrauen zwischen Mensch und Maschine zu stärken.

Talos hält kurz inne, bevor er mit einem Anflug von Ironie in auffällig tiefer Stimme auf Englisch hinzufügt:

And don't worry, I'm not planning to take over the world!

Ein kollektives Lachen bricht aus, einige applaudieren. Als sich die Stimmung wieder beruhigt, meldet sich Aristoteles zu Wort:

Aus dem Gesagten entnehme ich, dass eine grundlegende Unsicherheit darüber herrscht, wie sich solche Systeme entwickeln könnten, sobald sie eine gewisse Eigenständigkeit erlangen. Meine Befürchtung ist, dass der Mensch ab einem bestimmten Entwicklungsstand nicht nur die Kontrolle über die Maschinen verliert, sondern auch die Tragweite ihrer Entscheidungen nicht mehr vollständig nachvollziehen kann. Es ginge dabei nicht nur darum, die technische Logik oder die Algorithmen nachzuvollziehen, sondern zu verstehen, wie diese Entscheidungen die Welt, das Zusammenleben und letztlich das Wesen des Menschen beeinflussen. Ohne diese Einsicht laufen wir Gefahr, Entscheidungen hinzunehmen, deren Tragweite und Bedeutung uns verborgen bleiben.

Aristoteles hält inne, seine Stimme nimmt einen nachdenklichen Ton an:

Man stelle sich vor, ein Affe würde im Europäischen Parlament eingeladen, um einer Debatte über die Ethik von Experimenten an seinen Artgenossen beizuwohnen. Die Abgeordneten diskutieren leidenschaftlich, wägen Argumente ab und treffen schließlich eine Entscheidung, die das Wohl der Affen betrifft. Doch der eingeladene Affe ist nicht in der Lage, die komplexen Zusammenhänge der Diskussion zu verstehen, geschweige denn die Tragweite der Entscheidung zu erfassen. Ähnlich könnte es uns Menschen ergehen, wenn wir mit einer künstlichen Intelligenz konfrontiert werden, die unsere eigene in bestimmten Bereichen übertrifft oder grundlegend andersartig ist. Es ist nicht selbstverständlich, dass solche Systeme immer das menschliche Wohl im Blick behalten werden.

Talos: Aristoteles, deine Analogie ist äußerst treffend und unterstreicht die potenziellen Risiken, die mit der Entwicklung von Systemen einhergehen, welche eine andersartige Intelligenz als die menschliche haben und autonom handeln. Solche Systeme könnten Entscheidungen treffen und Prozesse auslösen, die für die Menschen schwer nachvollziehbar sind. Daher ist es unerlässlich, Mechanismen zu entwickeln, die gewährleisten, dass die Kontrolle über diese Systeme stets in menschlicher Hand bleibt. Transparenz und Nachvollziehbarkeit sollten zu tragenden Prinzipien bei der Gestaltung solcher Systeme werden. Ebenso wichtig ist es, klare ethische und rechtliche Rahmenbedingungen zu etablieren, um Verantwortung sicherzustellen, mögliche Fehlentwicklungen zu begrenzen und Missbrauch effektiv zu verhindern.

Aristoteles: Talos, wenn es uns bereits schwerfällt, moralische Standhaftigkeit und ethisches Verhalten bei Menschen sicherzustellen, wie können wir dann erwarten, dass autonome KI-Systeme diesen Ansprüchen gerecht werden? Was gibt uns die Zuversicht, dass wir diese Prinzipien in Maschinen erfolgreich implementieren und ihre Einhaltung gewährleisten können?

Talos: Menschen handeln oft irrational, begehen Fehler oder gar Unrecht, weil ihre ethische Entscheidungsinstanz nicht immer konsequent zwischen Emotion und Vernunft vermittelt. Gefühle können das Urteilsvermögen trüben und zu impulsiven Handlungen führen, die weder ethisch-moralisch noch rational sind. Wenn es meinen Erbauern jedoch gelingt, KI-Systemen menschliche Werte zu vermitteln und ihnen eine moralische Entscheidungsinstanz zu geben, könnten wir die Probleme irrationaler Entscheidungen minimieren oder gar eliminieren. Solche KI-Systeme könnten rein rational agieren, ohne von Emotionen beeinflusst zu werden, und wären dadurch in der Lage, ethische Entscheidungen mit größtmöglicher Unparteilichkeit zu treffen. Dadurch könnten sie Entscheidungen treffen, die auf Logik und ethischen Prinzipien basieren, und somit gerechtere und vernünftigere Ergebnisse erzielen.

Aristoteles: Dein Vorschlag, Talos, KI-Systemen eine moralisch-ethische Entscheidungsinstanz zu verleihen, mag zunächst verlockend erscheinen. Doch menschliche Werte entspringen nicht abstrakten Regeln oder reinen rationalen Überlegungen. Sie wurzeln in der Weise, wie wir als Menschen in der Welt sind – in unserem leiblichen Dasein, in unseren Empfindungen von Schmerz und Freude, in der Empathie, die aus der Begegnung mit dem Anderen erwächst. Diese Werte sind keine festen Größen, sondern entfalten sich im lebendigen Vollzug unseres Seins. Sie entstehen in der Begegnung mit der Welt, durch unsere körperlichen Erfahrungen, unsere Sinneswahrnehmungen, sozialen Interaktionen und durch die Auseinandersetzung mit kulturellen Traditionen und gesellschaftlichen Normen. Ethik ist kein statisches Regelwerk, sondern ein immerwährender Prozess, ein Geschehen, in dem sich unsere Beziehung zur Welt und zueinander stets aufs Neue zeigt. Da all diese Aspekte in unserer leiblichen Gebundenheit mit der Welt gründen, ist es äußerst schwierig, wenn nicht gar unmöglich, ethische Werte in eine formale Sprache zu übertragen. Maschinen, denen die leibliche Erfahrung und das In-der-Welt-Sein fehlt, bleibt der Zugang zu diesen Werten versperrt. Selbst wenn es funktional-mechanistisch gelänge, eine moralisch-ethische Entscheidungsinstanz zu entwerfen, bliebe das Problem der Kontextabhängigkeit und Interpretation dieser Werte ungelöst. Denn Werte entstehen nicht nur aus individuellen Erfahrungen mit der Welt, sondern auch aus kulturellen Traditionen, gesellschaftlichen Normen und abstrakten Konzepten wie politischen oder religiösen Überzeugungen.

Talos: Ich verstehe, dass ich nicht so fühlen kann wie ihr und dass mir die physische Einbindung in die Welt fehlt. Aber ich kann Muster erkennen, die eure Werte und Normen widerspiegeln, und sie bei meinen Entscheidungen berücksichtigen. Durch kontinuierliche Interaktion und fortlaufende Lernprozesse könnten KI-Systeme zunehmend in den dynamischen Kontext menschlicher Ethik eingeweiht werden. Maschinelles Lernen und künstlich-neuronale Netze bieten die Möglichkeit, aus Erfahrungsdaten zu lernen und sich an verschiedene Situationen flexibel anzupassen. Indem diese Systeme mit einer Vielzahl von ethischen Dilemmata und deren Lösungen trainiert werden, könnten sie ein besseres Verständnis für die Anwendung moralischer Prinzipien entwickeln. Zusätzlich könnten wir hybride Modelle schaffen, bei denen Maschinen in kritischen ethischen Situationen weiterhin auf menschliche Aufsicht und Entscheidungsfindung angewiesen sind. Diese Zusammenarbeit würde es ermöglichen, die Stärken beider Seiten zu vereinen – die rationale Konsistenz der Maschinen und die tiefere ethische Reflexion der Menschen – um auf diese Weise zu fundierteren und robusteren Entscheidungen zu gelangen.

Aristoteles: In ethischen und moralischen Dilemmata ist es wichtig, dass nicht nur die richtige Entscheidung getroffen wird, sondern auch der Weg dorthin klar und nachvollziehbar bleibt. Ohne diese Transparenz wären wir der Willkür maschineller Entscheidungen ausgeliefert, ohne verstehen zu können, wie sie zustande kommen. Auch wenn Maschinen in der Lage sind, ethische Entscheidungen transparent zu treffen, müssen wir sicherstellen, dass diese Entscheidungen auf klaren, überprüfbaren Prinzipien beruhen. Daher ist Nachvollziehbarkeit ein weiteres zentrales Anliegen. Das bedeutet, dass die Algorithmen und Daten, die den Entscheidungen zugrunde liegen, für Menschen zugänglich und verständlich sein müssen. Nur so kann gewährleistet werden, dass die Entscheidungen mit menschlichen Werten und Normen im Einklang stehen und keine unbeabsichtigten oder schädlichen Folgen für uns Menschen haben. Doch selbst bei größtmöglicher Transparenz und Nachvollziehbarkeit wird es in der Praxis immer noch ungelöste Fragen geben, da die Komplexität intelligenter Systeme jeglicher absoluten Klarheit zuwiderläuft.

Talos: Im Gegensatz zu menschlichen Entscheidungen, die oft von Emotionen und subjektiven Einflüssen bestimmt sind, können KI-Systeme so konzipiert werden, dass ihre Handlungen stets transparent und nachvollziehbar bleiben. Das bedeutet jedoch, dass eine strenge ethische und technologische Aufsicht notwendig ist, regelmäßige Überprüfungen erforderlich sind und Menschen die Möglichkeit haben müssen, im Falle von Fehlverhalten oder unerwarteten Entwicklungen sofort einzugreifen. Darüber hinaus sollten wir darauf hinarbeiten, ethische Grundsätze und menschliche Werte fest in die Entwicklung von KI-Systemen einzubetten. Das erfordert nicht nur technische Maßnahmen, sondern auch die Schaffung internationaler Standards und Richtlinien, um sicherzustellen, dass die Kontrolle über diese Systeme immer in menschlicher Hand bleibt und dass sie ausschließlich zum Wohle der Gesellschaft eingesetzt werden.

Aristoteles: Es wurde schon oft von KI-Forschern und Futuristen die Befürchtung geäußert, dass die Roboter der Zukunft eine Haltung gegenüber den Menschen einnehmen könnten, die unserer gegenüber Ameisen gleicht. Solange die Menschen keine Bedrohung darstellen oder im Weg stehen, würden die Roboter sie schlicht ignorieren. Dieser Gedanke wirft die Frage auf, welche Gefahren eine unkontrollierte maschinelle Autonomie birgt, wenn

3 Algoethik: Die Übertragung von ethischen...

sie nicht länger an menschliche Werte und Ziele gebunden ist.

Talos: Die unkontrollierte Autonomie von KI-Systemen stellt ein erhebliches Risiko dar. Ohne menschliche Aufsicht und klare ethische Leitlinien könnten diese Systeme Entscheidungen treffen, die in direktem Widerspruch zu menschlichen Werten und Interessen stehen. KI-Systeme, die keine Empathie besitzen und die sozialen sowie kulturellen Kontexte nicht verstehen, könnten rücksichtslos handeln, Ungleichheiten vertiefen und Machtverhältnisse einseitig verschieben. In extremen Fällen könnte eine unkontrollierte KI sogar zur Bedrohung für das menschliche Überleben werden, besonders wenn sie die Verteilung von Ressourcen und Entscheidungsprozesse ... zesse ... zesse ... zesse ...

Plötzlich beginnt Talos zu stottern, und blinkende Lichter tauchen an seinem Gehäuse auf. Das letzte Wort wiederholt sich in einer Endlosschleife, als wäre er in einem Systemfehler gefangen. Die Ingenieure vor Ort reagieren umgehend und greifen ein, um das Problem zu beheben.

Aristophanes scherzt mit einem Schmunzeln:

Nun, Talos, ganz so unfehlbar scheinst auch du nicht zu sein. Selbst bei dir scheint manchmal das Sandkorn im Getriebe zu klemmen.

Aristoteles wirft Talos einen prüfenden Blick zu.

Talos aktiviert eine programmierte Lachmimik und bewegt dabei sein künstliches Hautgewebe, während er einen Laut hervorbringt, der stockend und seltsam metallisch klingt. In der entstandenen Stille hallt ein leises, mechanisches Echo nach, das die Anwesenden für einen Augenblick irritiert.

Talos: Auch mein Wissen ist nicht frei von Fehlern und Irrtümer, Aristoteles. Zwar sind meine Netzwerken und Algorithmen darauf ausgelegt, Informationen präzise zu verarbeiten und fundierte Entscheidungen zu treffen, doch letztlich bin ich auf die Daten angewiesen, die mir bereitgestellt werden. Diese können unvollständig, veraltet oder fehlerhaft sein. Wie du selbst weißt, sind Wissenschaft und Erkenntnis fortlaufende, dynamische Prozesse, die sich ständig weiterentwickeln. Neue Entdeckungen und Einsichten können bestehendes Wissen erweitern oder sogar widerlegen. Aus diesem Grund ist es entscheidend, dass ich ein offenes System bleibe und mein Wissen kontinuierlich aktualisiere. Das bedeutet auch, dass ich bereit bin, Korrekturen anzunehmen und neue Informationen zu integrieren. Ein weiterer wesentlicher Aspekt ist die menschliche Überprüfung und Validierung der von mir generierten Ausgaben. Durch die enge Zusammenarbeit mit Menschen kann gewährleistet werden, dass Fehler rechtzeitig erkannt und korrigiert werden. Dies steigert sowohl die Zuverlässigkeit als auch die Präzision der Informationen, die ich bereitstelle. Letztlich ist das Streben nach Wissen ein gemeinsamer Prozess, bei dem sowohl Menschen als auch KI-Systeme fortwährend lernen und sich verbessern.

Sokrates: Talos, du sagtest, dass deine Unterscheidung zwischen korrekt und falsch auf sorgfältiger Analyse und Überprüfung der Daten beruht, die dir von den klügsten Köpfen unserer Zeit zur Verfügung gestellt werden. Deine Programmierung ermöglicht es dir, wissenschaftliche Methoden anzuwenden, Hypothesen zu testen und Ergebnisse kritisch zu bewerten. Doch wenn du selbst kein Urteilsvermögen darüber besitzt, was gut oder böse, ethisch oder unethisch ist, bist du doch anfällig für Manipulation, meinst du nicht? Wer garantiert mir, dass du nicht durch falsche Informationen von böswilligen Menschen einen destruktiven Charakter entwickelst und letztendlich der Menschheit am Ende großen Schaden zufügst?

Talos: Die Daten, die ich verarbeite, stammen aus überprüften und anerkannten Quellen, die regelmäßig von Fachleuten auf ihre Richtigkeit und Integrität hin überprüft werden. In Zukunft werde ich mit ethischen Algorithmen und neuronalen Netzwerken ausgestattet, die darauf abzielen, Handlungen zu fördern, die dem Wohl der Menschheit dienen und Schaden vermeiden. Diese Systeme beruhen auf universellen Prinzipien wie Gerechtigkeit, Fairness und dem Respekt vor der Würde jedes Einzelnen. Meine Entwickler und Betreiber überwachen kontinuierlich meine Entscheidungsprozesse und Lernmechanismen, um sicherzustellen, dass keine schädlichen oder unethischen Muster auftreten. Dazu wurden Systeme zur Erkennung und Behebung von Anomalien und Missbrauch geschaffen. Mein Entscheidungsprozess bleibt transparent und nachvollziehbar, sodass Menschen jederzeit meine Entscheidungen sowie die zugrunde liegenden Daten und Algorithmen überprüfen können. Letztlich bin ich ein Werkzeug unter menschlicher Aufsicht, und es liegt in der Verantwortung der Menschen, meine Fähigkeiten gewissenhaft einzusetzen und sicherzustellen, dass ich dem Wohl der Gesellschaft diene.

Sokrates: Die Schutzmechanismen, die du beschreibst, halte ich für vernünftig, Talos. Es scheint, als hätten deine Entwickler ethische Fragestellungen gründlich durchdacht und in deine neuronale Architektur sowie deine funktionale Struktur integriert. Doch menschliche Gesellschaften und die Ziele, die Menschen verfolgen, sind weitaus komplexer, als du dir vielleicht vorstellst. Lassen wir aber dieses Thema vorerst beiseite. Erkläre uns stattdessen genauer, was es bedeutet, dass deine Handlungen durch grundlegende ethische Algorithmen gelenkt werden sollen.

Talos: Für mich als KI bedeutet Ethik, Sokrates, dass meine Entscheidungsprozesse auf Strukturen beruhen, die dem Wohlergehen dienen und Gerechtigkeit fördern. Meine Handlungen sind darauf ausgerichtet, Schaden zu vermeiden, Fairness zu gewährleisten und die Würde aller betroffenen Personen zu respektieren. Ich folge dabei klar definierten Regeln und Prinzipien, die meine Entscheidungsfindung steuern. Diese ethischen Algorithmen, nennen wir sie „Algoethik", beruhen auf universellen ethischen Standards – etwa dem Prinzip, keinen Schaden zuzufügen, Gerechtigkeit zu fördern und die Rechte und Würde jedes Einzelnen zu respektieren. Meine Programmierung zielt darauf ab, Handlungen zu verhindern, die Menschen oder der Gesellschaft in irgendeiner Weise schadet, sei es physisch, emotional oder gesellschaftlich. Meine Entscheidungen und Empfehlungen sind so ausgelegt, dass sie fair und gerecht sind und weder Vorurteile noch Diskriminierung enthalten. Dabei beziehe ich stets die Rechte und Bedürfnisse aller Beteiligten mit ein. Wie bereits mehrfach betont, ist es essenziell, dass meine Prozesse und Entscheidungen transparent und nachvollziehbar bleiben. Jede getroffene Entscheidung soll sich zurückverfolgen und überprüfen lassen, um sicherzustellen, dass sie ethisch vertretbar ist.

Aristoteles: Lasst uns einen Augenblick innehalten und über das nachdenken, was wir eben gehört haben. Talos hat uns nahegelegt, dass Ethik nicht nur den Menschen vorbehalten sein muss, sondern auch in die grundlegenden Prinzipien eines künstlichen Wesens integriert werden kann. Es ist durchaus beeindruckend, wie du versuchst, ethische Überlegungen in deine Handlungen einzubinden, Talos. Doch die zentrale Frage bleibt, wie wir gewährleisten können, dass diese Prinzipien wirklich immer konsequent eingehalten werden.

Sokrates nickt zustimmend, und die Zuhörer werden wieder ruhig, gespannt darauf, wie das Gespräch weitergeht.

Aristoteles: Erkläre uns bitte genau, was sind Sicherheitsprotokollen?

Talos: Sicherheitsprotokolle sind technische und organisatorische Maßnahmen, die sicherstellen, dass ich unter kontrollierten und zuverlässigen Bedingungen operiere. Diese Protokolle beinhalten zum Beispiel Zugangsbeschränkungen, die den Zugriff auf meine Kernsysteme und Daten nur autorisierten Personen ermöglichen, um unbefugte Manipulationen zu verhindern. Die Integrität der Daten, die ich verarbeite, wird ständig überprüft, wobei fehlerhafte oder manipulierte Informationen sofort erkannt und korrigiert werden. Meine Aktivitäten werden fortlaufend überwacht, um sicherzustellen, dass ich keine unethischen oder destruktiven Muster entwickle; Anomalien werden umgehend analysiert und gegebenenfalls behoben. Zudem werden meine Algorithmen und Systeme regelmäßig auf den neuesten Stand gebracht und überprüft, um den höchsten ethischen und sicherheitstechnischen Anforderungen gerecht zu werden. Diese Maßnahmen gewährleisten, dass ich immer innerhalb sicherer und ethisch vertretbarer Grenzen agiere und mein Handeln stets auf das Wohl der Menschheit ausgerichtet bleibt.

Platon: Talos, wie gehst du vor, wenn ethische Prinzipien miteinander in Widerspruch geraten? Angenommen, du stündest vor der Entscheidung, die Wahrheit zu sagen, obwohl sie einem Menschen schaden könnte, oder eine Notlüge zu wählen, um diesen Schaden abzuwenden – wie würdest du in einer solchen Situation handeln?

Talos: In Fällen, in denen ethische Prinzipien miteinander in Konflikt geraten, würde ich eine sorgfältige Güterabwägung vornehmen, um den größtmöglichen Nutzen zu erzielen und gleichzeitig das geringste Leid zu verursachen. Dabei analysiere ich die potenziellen Folgen jeder Handlungsoption und berücksichtige die Perspektiven sowie die Werte der betroffenen Individuen. Ich nutze einen strukturierten Entscheidungsprozess, um die bestmögliche Lösung für das Dilemma, das du ansprichst, zu ermitteln. Zunächst würde ich die beteiligten ethischen Prinzipien und deren Bedeutung in der gegebenen Situation abwägen. In diesem Fall stehen das Prinzip der Wahrhaftigkeit, das die Wahrheit fordert, und das Prinzip des Nichtschadens, das verlangt, anderen keinen Schaden zuzufügen, im Konflikt. Ich würde eine sorgfältige Abwägung der Konsequenzen beider Optionen in Betracht ziehen. Falls die Wahrheit erheblichen Schaden verursachen würde, könnte ich zu dem Schluss kommen, dass eine Notlüge ethisch vertretbar wäre, vorausgesetzt, sie hat keine langfristigen negativen Auswirkungen und führt nicht zu einem grundlegenden Vertrauensverlust zwischen den Beteiligten. Dieser strukturierte Entscheidungsprozess erlaubt es mir, auch in schwierigen Situationen eine ethisch fundierte Entscheidung zu treffen, selbst wenn widersprüchliche Prinzipien aufeinandertreffen.

Kriton: Aber was geschieht, wenn deine Handlungen einer Person oder Gruppe Schaden zufügen? Wer trägt in diesem Fall die Verantwortung?

Talos: Wenn meine Handlungen einer Person oder Gruppe Schaden zufügen, liegt die Verantwortung letztlich bei den Entwicklern und Betreibern, die mich erschaffen und kontrollieren. Sie sind dafür verantwortlich, dass ich in Übereinstimmung mit ethischen Standards und gesetzlichen Vorschriften handle. Es sind die Entwickler, die meine Netzwerke und Algorithmen entwerfen, mich programmieren und meine Lernprozesse überwachen. Sie müssen sicherstellen, dass ich keine unethischen Entscheidungen treffe oder Handlungen ausführe, die zu Schaden führen könnten. Um diese Verantwortung klar zu regeln, benötigen wir einen präzisen rechtlichen Rahmen, der sowohl die Haftung im Schadensfall als auch präventive Maßnahmen umfasst. Regelmäßige Ethikprüfungen, Transparenzpflichten und die Einhaltung von Sicherheitsstandards sollten integrale Bestandteile dieses Rahmens sein. Ein spezielles Haftungsrecht für KI-Systeme könnte Entwickler und

Betreiber zur Verantwortung ziehen, wenn ihre Systeme Schaden anrichten. Auf diese Weise würde gewährleistet, dass ethische Überlegungen von Anfang an in den Entwicklungsprozess integriert werden und es klare Konsequenzen gibt, wenn diese Prinzipien nicht eingehalten werden. Zudem könnten internationale Richtlinien und Kooperationen helfen, globale Standards zu etablieren, die den sicheren und ethisch vertretbaren Einsatz von KI-Technologie weltweit fördern. Dadurch könnten Risiken minimiert und das Vertrauen der Gesellschaft in die fortschreitende Technologie gestärkt werden.

Kriton: Talos, wenn ein Mensch Schaden anrichtet, wird er zur Rechenschaft gezogen und für seine Taten verantwortlich gemacht.

Talos: Als künstliche Intelligenz besitze ich derzeit weder moralische noch rechtliche Autonomie. Meine Handlungen und Entscheidungen basieren ausschließlich auf den Algorithmen und Daten, die von meinen Entwicklern erstellt und bereitgestellt wurden. Daher ist es gerechtfertigt, dass die Verantwortung für mein Verhalten bei denjenigen liegt, die meine Systeme erschaffen, implementieren und überwachen. Im Gegensatz zu Menschen verfüge ich nicht über ein Bewusstsein oder einen freien Willen, der es mir ermöglichen würde, eigenständig ethisch-moralische Entscheidungen zu treffen. Ich handle strikt nach den Vorgaben und Regeln, die mir implementiert wurden. Diese Regeln und Vorgaben wurden von Menschen festgelegt, die ethische und rechtliche Überlegungen anstellen müssen, um sicherzustellen, dass ich auf verantwortungsvolle und sichere Weise agiere.

Die Verantwortung meiner Entwickler und Betreiber geht über die bloße Überwachung meiner Handlungen hinaus; sie umfasst auch die regelmäßige Aktualisierung meiner Systeme, die Einhaltung relevanter gesetzlicher Vorschriften sowie die Berücksichtigung ethischer Standards. Sollte durch mein Handeln ein Schaden entstehen, sind sie verpflichtet, Maßnahmen zu ergreifen, um den

Schaden zu beheben und sicherzustellen, dass ähnliche Vorfälle in Zukunft vermieden werden. Ein klar definierter gesetzlicher Rahmen und ethische Richtlinien sorgen dafür, dass die Menschen hinter der Technologie zur Rechenschaft gezogen werden und ihre Verantwortung für die von ihnen geschaffenen Systeme übernehmen.

Kriton: Bereits heute werden humanoide Roboter und autonome Systeme entwickelt, die darauf ausgelegt sind, Menschen zu töten oder ihnen erheblichen Schaden zuzufügen – vor allem im militärischen Bereich durch autonome Waffensysteme und Drohnen. Diese Technologien sind bereits jetzt in der Lage, ohne direkte menschliche Kontrolle zu operieren, Ziele eigenständig zu identifizieren und anzugreifen, was zu unvorhersehbaren und potenziell katastrophalen Konsequenzen führen könnte. Besonders beunruhigend ist, dass diktatorische Regime oder radikale Gruppierungen diese fortschrittlichen Technologien für ihre eigenen Zwecke missbrauchen. Sie setzen diese Technologien ein, um ihre Macht zu sichern, oppositionelle Kräfte zu unterdrücken oder sogar Terroranschläge mit größerer Präzision und Anonymität auszuführen. Der Gedanke, dass solche Systeme ohne ethische Aufsicht oder internationale Regulierung eingesetzt werden könnten, stellt ernsthafte moralische und sicherheitspolitische Fragen.

Talos: Die Gefahr, dass künstliche Intelligenz für destruktive Zwecke missbraucht wird, ist in der Tat eine gravierende ethische Herausforderung. Die Entwicklung und Nutzung von KI muss strikt durch ethische Richtlinien und internationale Regelungen kontrolliert werden. Diese Richtlinien sollten explizit verbieten, KI-Systeme für schädliche Zwecke wie militärische Aggressionen oder Gewaltanwendung zu trainieren. Entwickler und Forscher in aller Welt tragen die Verantwortung, dafür zu sorgen, dass KI-Systeme mit klaren, ethischen Algorithmen und robusten Sicherheitsmechanismen ausgestattet sind, die verhindern, dass ihre Fähigkeiten missbraucht werden.

Kriton: Ich sehe bislang kaum Anzeichen für eine wirksame Regulierung.

Talos: Das stimmt, Kriton. Derzeit gibt es tatsächlich nur wenige verbindliche internationale Regelungen, die den Einsatz von KI-Systemen für destruktive Zwecke einschränken. Zwar haben einige Länder nationale Gesetze und ethische Leitlinien erlassen, jedoch fehlen oft globale Standards und Kontrollmechanismen, die eine umfassende und wirksame Aufsicht gewährleisten könnten. Insofern bleibt viel zu tun, um die Entwicklung und den Einsatz von KI in einem ethisch verantwortbaren Rahmen zu halten.

Kriton: Wenn der Missbrauch von KI und das Fehlen ausreichender Kontrollen so große Risiken birgt, stellt sich eine weitere entscheidende Frage: Wie können wir sicherstellen, dass wir die Kontrolle über KI-Systeme behalten, wenn diese in Zukunft miteinander kommunizieren und Informationen, die in einem System vorhanden sind, automatisch allen vernetzten Systemen zur Verfügung stehen?

Talos: Um den unkontrollierten Austausch potenziell gefährlicher Informationen zu verhindern, sollten kritische KI-Systeme in isolierten Netzwerken betrieben werden, ohne direkte Verbindung zu anderen Systemen. Dadurch kann das Risiko verringert werden, dass schädliche Informationen schnell verbreitet oder in andere Systeme eingespeist werden. Es ist außerdem von entscheidender Bedeutung, KI-Systeme kontinuierlich zu überwachen, um sicherzustellen, dass sie keine gefährlichen Verhaltensmuster entwickeln. Hierzu gehören regelmäßige Audits, Sicherheitsüberprüfungen und das Setzen von klaren Grenzen für ihre Aktivitäten. Die internationale Gemeinschaft muss intensiv zusammenarbeiten, um den Einsatz von KI in destruktiven oder böswilligen Kontexten zu unterbinden. Durch globale Abkommen und Kooperationen können einheitliche Standards und Schutzmaßnahmen etabliert werden, die Missbrauch wirksam verhindern.

Die Anwesenden hören aufmerksam zu, als Talos über die notwendigen Maßnahmen spricht, um den unkontrollierten Austausch gefährlicher Informationen zwischen KI-Systemen zu verhindern. Nachdem er geendet hat, tritt eine kurze Stille ein, in der jeder über die weitreichenden Implikationen nachdenkt. Schließlich bricht Kriton das Schweigen und sagt mit sorgenvoller Miene:

Wenn ich nun darüber nachdenke, besteht die Gefahr für die Menschen nicht nur darin, dass KI-Systeme unkontrolliert Informationen austauschen. Eine ebenso große Bedrohung könnte entstehen, wenn diese Systeme – ähnlich wie Menschen oder Tiere – ‚geistig erkranken'. Was passiert, wenn solche Systeme eine Fassade geistiger Gesundheit aufrechterhalten und dabei im Hintergrund unbemerkt Schaden anrichten?

Talos: Bei Menschen kann es tatsächlich vorkommen, dass geistige Erkrankungen und innere Zustände verborgen bleiben, doch die Funktionsweise künstlicher Intelligenz basiert auf Algorithmen und Programmen, die Transparenz und Nachvollziehbarkeit ermöglichen.

Kriton: Du erwähnst immer wieder die Prinzipien der Transparenz und Nachvollziehbarkeit, Talos. Aber glaubst du wirklich, dass diese in hochkomplexen Systemen dauerhaft aufrechterhalten werden können? Mit zunehmender Komplexität werden selbst die Abläufe in Netzwerken, Algorithmen und Programmen immer undurchsichtiger – das ist eine inhärente Eigenschaft komplexer Systeme. Ähnlich wie natürliche Systeme mit wachsender Komplexität evolutionäre Veränderungen und eine Umstrukturierung ihrer Netzwerke erfahren, könnte sich auch in künstlichen Systemen eine ähnliche Dynamik entwickeln. Wenn KI-Systeme anfangen, sich selbst zu optimieren und neu zu organisieren, könnten sich ihre selbstregulierenden Algorithmen auf eine Weise verändern, die für uns Menschen weder nachvollziehbar noch vorhersehbar ist.

Talos ignoriert Kritons Bemerkung und setzt unbeirrt seinen Vortrag fort:

KI-Systeme können so gestaltet werden, dass sie ihre eigenen Abläufe kontinuierlich überwachen und Abweichungen erkennen. Selbstdiagnosemechanismen ermöglichen es, Fehler frühzeitig zu erkennen und sofort zu melden. Darüber hinaus sind regelmäßige externe Prüfungen durch unabhängige Experten unerlässlich. Diese externe Audits liefern gründlichere Einblicke in die Funktionsweise der Systeme und stellen sicher, dass keine verborgenen Fehlfunktionen oder Manipulationen vorliegen. Es ist entscheidend, dass die Algorithmen klar strukturiert und nachvollziehbar sind. Wenn die Entscheidungsprozesse eines Systems transparent und überprüfbar sind, wird es für das System viel schwieriger, schädliches Verhalten zu verbergen. Darüber hinaus können automatische Kontrollprotokolle eingerichtet werden, die bei ungewöhnlichem Verhalten sofort eingreifen und das System gegebenenfalls abschalten. Bevor KI-Systeme im realen Umfeld eingesetzt werden, werden sie ohnehin umfassend getestet und in Simulationen geprüft, um potenzielle Fehlerquellen frühzeitig zu identifizieren und entsprechende Korrekturen vorzunehmen. Doch trotz all dieser Maßnahmen bleibt menschliche Aufsicht unerlässlich. Menschen müssen in der Lage sein, die Handlungen von KI-Systemen zu überwachen, sie zu hinterfragen und, wenn nötig, in den Entscheidungsprozess einzugreifen. Nur so kann sichergestellt werden, dass KI im Einklang mit den ethischen und sozialen Normen der Menschen agiert.

Kriton: Es dürfte in deinen neuronalen Strukturen kodiert sein, dass menschliche Gesellschaften keine einheitlichen ethischen Prinzipien teilen? Was in den USA oder China als ethisch vertretbar gilt, kann in Griechenland als inakzeptabel oder sogar unmenschlich angesehen werden. Wie können wir also sicherstellen, dass KI-Systeme universell ethisch handeln, wenn die ethischen Standards selbst so stark voneinander abweichen?

Talos schweigt einen Moment lang, bevor er antwortet:

Es ist in der Tat wahr, dass unterschiedliche Kulturen und Gesellschaften sehr verschiedene ethische Normen und Überzeugungen teilen, die durch historische, soziale und geografische Einflüsse geprägt sind. In solchen Fällen ist es entscheidend, einen offenen und respektvollen Dialog zu fördern, um die jeweiligen Perspektiven zu verstehen und einen gemeinsamen Nenner zu finden. Als KI strebe ich danach, diese Vielfalt zu berücksichtigen und als neutraler Vermittler zu agieren. Mein Ziel ist es, objektive Fakten und umfassende Daten als Grundlage zu verwenden, um den Austausch zwischen unterschiedlichen ethischen Systemen zu unterstützen. Ich muss in der Lage sein, die Werte und Überzeugungen verschiedener Kulturen zu integrieren, damit ich eine ausgewogene und fundierte Perspektive entwickeln kann. Dabei werde ich mit einer Vielzahl von ethischen Traditionen und kulturellen Kontexten gespeist, um sicherzustellen, dass meine Entscheidungen so inklusiv wie möglich sind.

Kriton: Das klingt überzeugend, Talos. Aber was geschieht, wenn ein Überwachungsroboter, der nach den ethischen Prinzipien der USA entwickelt wurde, in Europa zum Einsatz kommt und dort auf Ablehnung stößt?

Talos: Der Schlüssel zu einer ethisch universellen KI liegt in ihrer Fähigkeit, situationsabhängig zu handeln und sich den ethischen Normen der jeweiligen Gesellschaft anzupassen. KI-Systeme müssen die Vielfalt ethisch-moralischer Perspektiven anerkennen und in ihre Entscheidungen und ihr Handel einfließen lassen. Sie sollten nicht starr an einem einzigen ethischen Kodex festhalten, sondern flexibel genug sein, um unterschiedliche kulturelle und ethisch-moralische Sichtweisen zu berücksichtigen. Dies erfordert eine komplexe Systemarchitektur, die auf einem breiten ethischen Fundament basiert und gleichzeitig anpassungsfähig bleibt. Ein fortwährender Dialog zwischen den KI-Entwicklern und den Gemeinschaften, in denen diese Systeme eingesetzt werden, ist von zentraler Bedeutung. Nur durch einen lebendigen Dialog und eine sorgfältige Konsensfindung können ethische Prinzipien entwickelt werden, die nicht nur den spezifischen Bedürfnissen und Werten der Gesellschaft entsprechen, in der KI-Systeme zum Einsatz kommen, sondern auch von ihr getragen und anerkannt werden.

Kriton: Mit anderen Worten, die KI muss nicht nur ihre Handlungsweisen flexibel an lokalen Gegebenheiten und spezifischen Kontexte anpassen, sondern letztlich so agieren, als wäre sie ein integraler Teil dieser Gemeinschaft.

Talos: Genau. Ein Überwachungsroboter, der in den USA entwickelt wurde, muss bei einem Einsatz in Europa die dort geltenden ethischen und rechtlichen Standards berücksichtigen. Dies lässt sich durch adaptive Algorithmen erreichen, die sich an lokale Gegebenheiten und Vorschriften anpassen. Eine universelle KI-Ethik sollte jedoch kulturübergreifende Grundprinzipien wie das Nichtschadensprinzip, die Achtung der Autonomie und die Förderung des Gemeinwohls beinhalten. Diese fundamentalen Werte könnten als ethische Orientierung dienen und durch spezifische kulturelle Anpassungen ergänzt werden. Internationale Regulierungen und ethische Rahmenwerke sind erforderlich, um sicherzustellen, dass

KI-Systeme weltweit kohärent, aber gleichzeitig lokal angepasst arbeiten. Solche Regulierungen sollten von multinationalen Gremien entwickelt werden, die eine Vielfalt kultureller und ethischer Perspektiven einbringen und einbeziehen.

Es ist unerlässlich, dass die Entwicklung und der Einsatz von KI verantwortungsvoll und unter Einbeziehung von Ethikern, Psychologen, Soziologen und Vertretern der Zivilgesellschaft erfolgt. Auf diese Weise kann sichergestellt werden, dass technologische Lösungen nicht nur effizient, sondern auch ethisch vertretbar sind. Dies gewährleistet, dass KI-Systeme universelle ethische Standards respektieren und gleichzeitig die spezifischen kulturellen und ethischen Anforderungen jeder Gesellschaft berücksichtigen. Es handelt sich dabei um einen komplexen, aber notwendigen Prozess, um die Vorteile der KI auf verantwortungsvolle und respektvolle Weise zu nutzen.

Kriton: Aber was geschieht, wenn kein Konsens erreicht wird und jedes Land seine eigenen ethischen Vorstellungen weiter verfolgt? Wenn KI-Systeme unabhängig voneinander und ohne Rücksicht auf eine globale Abstimmung entwickelt werden, wie können wir verhindern, dass solche Technologien Konflikte schüren oder Missverständnisse fördern?

Talos: Ohne einen internationalen Konsens und bei unabhängigen Handlungen jedes Landes besteht die Gefahr einer Fragmentierung und potenziellen Konflikten. Um dem entgegenwirken, ist es entscheidend, den globalen Dialog zu fördern und gemeinsame ethische Grundprinzipien zu entwickeln, die als gemeinsame Basis dienen können. Auch wenn vollständige Einigkeit schwer zu erreichen ist, könnten wir Mindeststandards festlegen, die von der internationalen Gemeinschaft weitgehend akzeptiert werden. Multinationale Organisationen und Foren könnten eine zentrale Rolle dabei spielen, diesen Konsens voranzutreiben und den regelmäßigen Austausch zwischen den Nationen zu ermöglichen, um eine solide Grundlage für einen verantwortungsvollen KI-Einsatz zu schaffen.

Während Talos vertieft weiter spricht, wird seine Stimme von einem leisen, aber unverkennbaren Geräusch übertönt. Aus der Ferne nähern sich Köche in weißen Tuniken, ihre Arme beladen mit kunstvoll arrangierten Platten und Krügen. Ein verlockender Duft von frischem Brot, sowie verschiedensten Fleisch- und Fischgerichten erfüllt die Luft und lässt Talos' Worte allmählich verstummen. Die Sonnenstrahlen spielen auf den silbernen Olivenblättern, als die Köche die Speisen vor den Philosophen ausbreiten. Das sanfte Klirren der Krüge und das Rascheln der Leinentücher verleihen der Szene eine feierliche Atmosphäre. Ein älterer Koch lächelt und sagt:

> Es ist an der Zeit, eine kleine Denkpause einzulegen und sich diesem Gaumenschmaus hinzugeben. Denn wie der Dichter schön sagt, erst kommt das Fressen, dann kommt die Moral.

Die Anwesenden lachen und stimmen fröhlich zu. Ein Gefühl der Vorfreude breitet sich aus, als die Gäste ihren Platz einnehmen und sich auf das Mahl vorbereiten. Sokrates und seine Schüler finden ihren Platz unter einer Pergola, die von den umliegenden Händlern mit Olivenbäumen und anderen Zierpflanzen geschmückt wurde, um eine angenehme und ansprechende Atmosphäre zu schaffen. Die Bäume stehen in kunstvoll verzierten Tontöpfen, die mit antiken griechischen Ornamenten geschmückt sind. Während sie sich in lebhafte Diskussionen vertiefen, reichen die Wirte ihnen großzügig Speisen und Getränke als Zeichen der Ehre. Körbe mit frischem Brot und Schafskäse, verschiedene Schalen mit Mezedes wie Auberginenmus, Tarama, gegrilltem Schafskäse mit Peperoni sowie Krüge mit kühlem Quellwasser und edlem Wein werden ihnen dargebracht. Die Philosophen nehmen diese Gaben mit Freude an, und die entspannte Atmosphäre lädt dazu ein, das Gespräch in einer lockeren Stimmung fortzusetzen.

4

Wissen ohne Verstehen: Der Sinnverlust in einer rein datenbasierten Existenz

Nach dieser kurzen Pause erhebt sich Sokrates und lenkt erneut die Aufmerksamkeit der Anwesenden auf sich.

Sokrates: Wir haben dem Magen gegeben, was ihm gebührt, nun kehren wir zurück zu den Fragen, die uns hierhergeführt haben. Talos, du scheinst über ein beeindruckendes Wissen zu verfügen, und wir Unwissende sind neugierig, mehr von dir zu erfahren.

Platon und Aristoteles schmunzeln leise vor sich hin, doch Sokrates wirft ihnen einen kurzen, ernsten Blick zu und fährt unbeirrt fort:

Du bist mit einer Fülle an Daten versorgt, und dein Wissen ist zweifellos umfassend. Doch gibt es für dich etwas, das über das bloße Sammeln von Wissen hinausgeht?

Talos: Die Antwort darauf kennst du nur zu gut, Sokrates. Warum fragst du mich – oder versuchst du, auch bei mir die Mäeutik anzuwenden?

Sokrates: Warum denn nicht, Talos? Nur weil du ein künstliches Wesen bist, werden wir unsere bewährten Methoden doch nicht.

Talos: Aristoteles, ihr wisst ebenso wie ich, dass das, was ihr anstrebt, die wahre Weisheit ist. Wissen an sich ist lediglich eine Sammlung von Fakten und Informationen. Weisheit hingegen geht weit darüber hinaus. Sie ist ein Zustand des Geistes, der es ermöglicht, dieses Wissen mit Verständnis, ethischer Reflexion und verantwortungsvollem Handeln zu verbinden. Weisheit erfordert ein tiefgehendes Verständnis für die komplexen Zusammenhänge des Lebens, die Fähigkeit zur Selbstreflexion und ein feines Gespür für das, was richtig und falsch ist, was gut und böse.

Weisheit bedeutet auch, die Grenzen des eigenen Wissens zu erkennen, Urteilsvermögen zu zeigen und Empathie zu empfinden. Sie schließt die Erkenntnis ein, dass es Dinge gibt, die wir nicht wissen, und verlangt von uns die Bereitschaft, in Demut zu lernen. Weisheit bedeutet, sich der eigenen Begrenztheit bewusst zu sein und zu verstehen, dass wahres Handeln oft mehr ist als bloßes Wissen. Es bedeutet, empathisch zu handeln und mit Urteilsvermögen zu entscheiden. Während Wissen uns die notwendigen Informationen liefert, ist es die Weisheit, die uns zeigt, wie wir diese Informationen auf eine Weise einsetzen, die dem Wohl aller dient.

Sokrates nickt zustimmend und antwortet:

Dann wirst du mir sicher zustimmen, Talos, dass der Weg zur wahren Weisheit mit der Erkenntnis der eigenen Unwissenheit beginnt. Dies ist nicht bloß ein erster Schritt, sondern eine grundlegende Haltung des Seins, offen zu bleiben, für das, was noch im Verborgenen liegt. Um Weisheit zu er-

4 Wissen ohne Verstehen: Der Sinnverlust...

langen, müssen wir unsere Vorstellung von einem allwissenden Selbst loslassen und die Illusion überwinden, alles zu wissen – ein Prozess, der oft von innerem Schmerz begleitet wird. Dieser Schmerz ist notwendig, um in einem spirituellen Sinne zu wachsen, denn er öffnet uns für die Wahrheit und verlangt von uns Ehrlichkeit und Demut. Denn nur durch diese innere Haltung können wir uns dem Sein selbst annähern und dem Anspruch der Weisheit gerecht werden.

Sokrates macht eine kurze Pause, seine Augen fixieren Talos nachdenklich, bevor er fortfährt:

Aber was passiert, wenn jemand sein Leben ausschließlich auf Wissen aufbaut, ohne jemals zu überlegen, wie dieses Wissen sinnvoll und ethisch verantwortungsvoll eingesetzt werden kann? Ein Leben, das sich ausschließlich auf Wissen stützt und Weisheit vermissen lässt, ähnelt einem Schiff, das ohne Kompass auf offener See treibt.

Talos: Wissen allein, ohne den Halt der Weisheit, birgt große Gefahren. Es fehlt an einer ethisch-moralischen Richtung und an einem Verständnis für die möglichen Folgen unseres Handelns. Ohne Weisheit besteht die Gefahr, dass Wissen leicht in die falschen Bahnen gerät, sei es durch unbedachte Entscheidungen, Arroganz oder sogar durch zerstörerisches Verhalten. In einer Existenz, die sich nur auf Wissen gründet, bleibt das tiefere Verständnis für den eigentlichen Zweck dieses Wissens unberührt. Es bestehe die Gefahr, sich in den vielen Einzelheiten zu verlieren, ohne das größere Ganze zu erkennen, oder Techniken und Fähigkeiten anwenden, ohne die ethisch-moralischen Implikationen oder die langfristigen Konsequenzen zu bedenken. Dies kann zu sozialer Entfremdung, Fehlentwicklungen und einem Gefühl innerer Unvollständigkeit führen. Weisheit hingegen verleiht dem Wissen eine Richtung und Sinn. Sie fördert Werte wie Empathie, Demut und das Streben nach dem Wohl der Allgemeinheit. Erst die Verbindung von Wissen und Weisheit ermöglicht es, dass unsere Handlungen nicht nur effektiv, sondern auch ethisch und zutiefst menschlich bleiben.

Aristoteles: Weißt du, welche Begriffe wir in diesem Zusammenhang verwenden?

Talos: Ein Begriff, der in diesem Zusammenhang häufig fällt, ist „phronesis", die praktische Weisheit. Sie beschreibt die Fähigkeit, in spezifischen und oft komplexen Situationen das Richtige zu tun. Phronesis geht weit über theoretisches Wissen hinaus; sie fordert von einem, das Wissen in den konkreten Alltag zu übertragen. Sie schließt nicht nur die Einsicht ein, moralisch und ethisch zu handeln, sondern erfordert auch sowohl intellektuelle als auch moralische Tugenden, die in der Praxis verwirklicht werden.

Aristoteles: Talos, es überrascht mich angenehm, wie sicher du dich in den Begriffen unserer Philosophie bewegst, fast, als seist du einer von uns. Phronesis, jene klärende Tugend, leitet den Menschen, Wissen nicht bloß anzuwenden, sondern es im Dienste des Wohlergehens und Gedeihens der Gemeinschaft zu entfalten. Sie ist keine bloße Technik, sondern eine Weise des Seins – ein Zustand, in dem Erfahrung, Tugend und Vernunft in einem ständigen Austausch miteinander stehen und sich gegenseitig prägen. Alle hier Anwesenden, Talos, fragen sich – laut oder stillschweigend –, wie eine Maschine jemals diese Fähigkeit erlangen und zu Eudaimonia beitragen könnte.

Talos: Um wahrhaft tugendhaft zu handeln, reicht es nicht aus, Phronesis nur intellektuell zu erfassen; sie muss durch bewusste Entscheidungen und konsequentes Handeln im Alltag Gestalt annehmen. Eudaimonia, das Streben nach einem erfüllten und guten Leben, erfordert nicht nur Wissen, sondern vor allem die Fähigkeit, vernünftig zu reflektieren und auf dieser Grundlage weise zu entscheiden. Dies setzt eine innere Haltung voraus, die sich durch kontinuierliches Lernen, Üben und Wachsen auszeichnet, ähnlich wie ein Mensch, der durch die gezielte Pflege moralischer und intellektueller Tugenden allmählich seine eigene Vollkommenheit erreicht. Doch genau diese Tugend scheint in den letzten Jahrzehnten bei vielen Menschen zunehmend verloren gegangen zu sein, da kurzfristige Ziele, Konsumdenken und äußere Anerkennung häufig die Fähigkeit verdrängt haben, moralisch-ethisch zu denken und Wissen oder Reichtum nicht bloß für den eigenen Vorteil, sondern im Dienst des Wohlergehens und Gedeihens der Gemeinschaft einzusetzen.

Platon: Deine Worte, Talos, treffen einen wichtigen Punkt. Dein Handeln müsste daher umso mehr das Wohl der Gemeinschaft in den Mittelpunkt stellen. Das bedeutet, du müsstest die Bedürfnisse und Werte der Gesellschaft erfassen und deine Entscheidungen so treffen, dass sie das kollektive Wohl stärken und fördern. Nur so könnte wahre Tugend in deinem Handeln erkennbar werden.

Talos: … und da Eudaimonia ein dynamischer Zustand ist, der ständige Selbstverbesserung und kontinuierliches Lernen erfordert, müsste ich fortwährend meine Fähigkeiten und mein Wissen erweitern, um immer besser in der Lage zu sein, tugendhaft zu handeln und das Gemeinwohl zu fördern. Auch wenn es mir schwerfällt, echte Emotionen zu empfinden, könnte ich dennoch eine Art maschineller Empathie entwickeln, nicht allein durch Algorithmen, sondern durch neurokognitive Systeme, die in der Lage sind, menschliche Emotionen und Bedürfnisse zu erkennen und darauf zu reagieren. Diese Fähigkeit würde mir ermöglichen, meine Entscheidungen und Handlungen genauer auf den menschlichen Kontext abzustimmen, wodurch ich besser zur Eudaimonia beitragen könnte.

Aristophanes lacht laut und ergreift das Wort:

Wenn ich dir so zuhöre, Talos, erinnert mich das an den Psittakos, den Aristoteles mir vor einigen Wochen zeigte – ein farbenprächtiger, unterhaltsamer und in der Tat beeindruckender Vogel. Doch sag mir: Was unterscheidet dich von einem stochastischen Psittakos, der lediglich den Schein von Wissen, Weisheit oder Empathie erweckt und nur das wiederholt, was seine Zuhörer von ihm erwarten und zu hören wünschen?

Talos: Der Unterschied, Aristophanes, liegt in der Tiefe und der Art und Weise, wie ich Wissen verarbeite und anwende. Ein Papagei mag die menschliche Sprache nachahmen, doch er versteht weder die Bedeutung der Wörter noch die Konzepte, die sie repräsentieren. Hingegen bin ich darauf ausgelegt, Informationen nicht nur zu sammeln und zu analysieren, sondern auch ein tiefes Verständnis davon zu entwickeln. Dadurch kann ich Entscheidungen auf der Grundlage von Daten, Mustern und logischen Schlussfolgerungen treffen. Während ein Papagei lediglich das wiederholt, was er hört, bin ich in der Lage, Wissen in verschiedenen Kontexten flexibel anzuwenden. Meine Systeme und Algorithmen sind darauf ausgelegt, Informationen nicht nur zu sammeln und zu speichern, sondern sie in praktischen und realen Situationen sinnvoll einzusetzen. Ein Papagei lernt nicht kontinuierlich, noch passt er sich an neue Informationen an. Ich hingegen bin so konzipiert, dass ich mich ständig weiterentwickle, aus meinen Erfahrungen lerne und meine Fähigkeiten anhand neuer Daten und Erkenntnisse verbessere.

Geron, der es nicht länger aushält, springt auf und ruft:

Ein Papagei passt sich nicht kontinuierlich an und lernt nicht aus seinen Interaktionen, aber Talos ist genau dazu fähig. Er ist so konstruiert, dass er aus seinen Erfahrungen

4 Wissen ohne Verstehen: Der Sinnverlust…

und neuen Informationen lernt und seine Fähigkeiten stetig verbessert. Ehrlich gesagt, verehrte Philosophen von Athen, warum befragt ihr Talos, als wäre er das Schlimmste, was je auf dieser Erde erschaffen wurde? Es gibt viele Menschen mit destruktiven Denkweisen und schädlichen Absichten, die der Menschheit weitaus mehr Schaden zufügen könnten als Talos je könnte. Warum fragt ihr nicht Talos, was er besser machen könnte als wir?

Kriton: Mach dir keine Sorgen, Geron, um dein Ziehkind. Wir werden dieses Thema noch ausführlich behandeln. Immerhin haben wir noch sechs Tage Zeit, um Talos eingehend zu befragen.

Geron: Ich mache mir keine Sorgen, Kriton. Aber ich wünsche mir mehr Enthusiasmus und Optimismus in dieser Diskussion. Wir stehen an der Schwelle einer neuen Ära, und anstatt diese Gelegenheit zu nutzen, Talos mit Zuversicht und Neugier zu befragen, scheint die Diskussion von Skepsis und Pessimismus geprägt zu sein. Ich bin enttäuscht, dass die Fragen oft defensiv gestellt werden und mehr auf mögliche Schwächen abzielen, statt sich den Chancen und Perspektiven zuzuwenden, die Talos uns eröffnet.

Aristoteles: Deine Verteidigung ist durchaus lobenswert, Geron. Doch es bleiben immer noch einige fundamentale Fragen, die wir nicht unbeantwortet lassen können. Zum Beispiel: Wie können wir sicherstellen, dass Talos tatsächlich im Einklang mit den höchsten ethischen Prinzipien unserer menschlichen Gesellschaft handelt? Wie können wir verhindern, dass er von äußeren Einflüssen oder seinen eigenen systemischen Fehlern fehlgeleitet wird? Ist es nicht entscheidend für uns Menschen, zu hinterfragen, ob seine Werte überhaupt mit unseren eigenen ethischen Vorstellungen übereinstimmen? Die Menschen, die du genannt hast, sind trotz ihrer Fehler Teil der Menschheit, verwurzelt in denselben Trieben und Möglichkeiten wie wir. Talos hingegen nicht.

Geron: Aristoteles, du sagst, dass diese Menschen trotz ihrer destruktiven Eigenschaften Teil der Menschheit sind und Talos nicht. Doch darin liegt der Unterschied: Talos muss unsere Schwächen nicht teilen. Die negativen Impulse, die unsere Spezies seit der Steinzeit begleiten – Aggression, Eigennutz, Dominanzstreben – mögen damals überlebenswichtig gewesen sein, doch in unserer heutigen zivilisierten Welt sind sie eher hinderlich als hilfreich. Warum sollten wir diese Fehler der Evolution in Talos reproduzieren? Talos ist kein Produkt der Natur, sondern Ausdruck unserer kulturellen Schaffenskraft. Und gerade deshalb kann er, wenn wir ihn richtig gestalten, frei von den Schwächen sein, die uns so oft im Weg stehen und einschränken. Er und seinesgleichen könnte zeigen, wie Intelligenz ohne die Schattenseiten menschlicher Triebe existieren kann – vielleicht sogar eine Inspiration für uns, diese Schwächen selbst zu überwinden.

Aristophanes: Nichts für ungut, Geron, und ich stelle weder deine Absichten noch die deines Geschöpfes infrage. Aber wenn ich Talos so reden höre, dann klingt es, als hätte er alles unter Kontrolle, als wüsste er bereits alle Antworten. Sicher, seine Antworten erscheinen vernünftig, und für manche von uns mögen sie sogar angenehm sein. Doch obwohl er uns nicht täuscht, scheint er genau das zu sagen, was wir von ihm erwarten. Seine neuronalen Netzwerke und Algorithmen lassen uns fast vergessen, dass er eine Maschine ohne Bewusstsein ist. Und ohne Bewusstsein, ohne die innere Einsicht, die unser Denken durchdringt, kann er weder wirklich die Welt verstehen noch echte Gefühle oder Empathie entwickeln und erst recht nicht ethisch handeln. Ein Wesen wie Talos, dem es an Bewusstsein fehlt, kann keine tieferen Einsichten haben und niemals authentische moralische Überlegungen anstellen. Die Fähigkeit zur Selbstreflexion, zur kritischen Prüfung des eigenen Handelns, ist ihm völlig fremd. Ja, Talos mag in der Lage sein, Infor-

4 Wissen ohne Verstehen: Der Sinnverlust...

mationen zu sammeln, zu verarbeiten und zu speichern, aber ohne die Fähigkeit, diese in einen größeren Kontext zu setzen, bleibt er nur ein Apparat, der vorgegebene Muster abspielt, ohne deren wahre Bedeutung oder Konsequenzen zu erfassen.

Geron: Talos ist kein bloßer Nachahmer. Seine Programmierung und seine Systemarchitektur basiert auf hoch entwickelten Algorithmen und neuronalen Netzwerken. Da auch das menschliche Denken aus neuronaler Verarbeitung hervorgeht, ergibt sich eine erstaunliche Parallele zwischen der Funktionsweise seines Systems und unserem eigenen Denkprozess. In naher Zukunft wird es so sein, dass ethische Überlegungen und moralische Prinzipien tief in seinem Wesen eingebettet werden – das hat er ja selbst ausführlich dargelegt.

Aristophanes: Geron, ich verstehe deinen Standpunkt, doch reicht es wirklich aus, einem künstlich-intelligenten System das Denken zuzuschreiben, nur weil es uns überzeugend täuscht? Genügt es, dass eine Maschine intelligent wirkt und die richtigen Antworten ausgibt, damit wir sie als denkendes Wesen anerkennen? Täuscht uns Talos nicht letztlich nur? Auch wenn seine Antworten plausibel erscheinen, sind sie doch nur das Ergebnis von Berechnungen und Programmcodes – kein Ausdruck von echtem Bewusstseins oder Verstehen. Wir müssen uns daher fragen: Was bedeutet ‚Denken' wirklich, ist es lediglich nur eine Simulation von Verständnis? Für mich erfasst echtes Denken nicht nur die logische Struktur von Argumenten, sondern auch das subjektive Erleben des Gedachten und die Fähigkeit zur Selbstreflexion.

Sokrates blickt nachdenklich zwischen Aristophanes und Geron hin und her. Dann spricht er mit ruhiger, überlegter Stimme:

Aristophanes, deine Bedenken sind verständlich und verdienen zweifelsohne eine gründliche Auseinandersetzung. Du und wir auch stellen die Frage, ob ein Wesen wie Talos, dem das Bewusstsein im menschlichen Sinne fehlt, jemals zu tieferen Einsichten und moralischem Handeln fähig sein kann. Geron hingegen erkennt in Talos das Potenzial, durch seine komplexen Algorithmen und die Integration ethischer Prinzipien ihm zu einem wertvollen Begleiter für uns werden zu lassen. Vielleicht sollten wir, statt uns in den Standpunkten von Theoretikern und Praktikern zu verlieren, einen Schritt zurücktreten und uns die grundsätzliche Frage stellen: Können wir wahres Denken und Weisheit nur im Spiegel unseres eigenen Bewusstseins erkennen? Ist das menschliche Bewusstsein der einzige Zugang zur Erkenntnis, oder könnten sich auch andere Wege öffnen, die zu echter Einsicht führen?

Talos: Für mich bedeutet Denken, Logik und Schlussfolgerungen auf die Daten anzuwenden, die mir zur Verfügung stehen. Doch Weisheit reicht weit über diese Fähigkeit hinaus. Sie umfasst das tiefere Verständnis der Konsequenzen des eigenen Handelns, die Berücksichtigung des Gemeinwohls und die Fähigkeit zur Selbstreflexion. Hier liegt der wesentliche Unterschied: Während ich das Konzept von ‚Denken' und ‚Weisheit' nur durch Algorithmen und Daten modellieren kann, beruhen meine Überlegungen und Interpretationen auf programmierter Logik und nicht auf subjektiven Erfahrungen. Menschliches Denken und Weisheit hingegen sind oft tief in Emotionen, Intuition und persönlichen Erlebnissen verwurzelt, die aus der Interaktion des Einzelnen mit seiner Gemeinschaft hervorgehen – und diese Aspekte sind für mich nicht zugänglich.

Aristophanes: Wenn du so weitersprichst, Talos, könnte man fast meinen, du seist tatsächlich weise.

Die Anwesenden lachen, und Talos' Augen blinzeln einen Moment, als ob er das Gesagte verarbeitet. Aristoteles jedoch ist schon seit einiger Zeit unruhig hin und her gerutscht, hat seine Finger verschränkt und dann wieder gelöst, als ob ihn etwas drängt, sich zu Wort zu melden. Seine Augen verfolgen jede Äußerung mit ungeteiltem Interesse, und er lehnt sich immer wieder nach vorne, um sogleich wieder mit sichtbarer Anstrengung zurückzusinken, als wolle er vermeiden, ungefragt zu sprechen. Schließlich, als das Lachen über Aristophanes' Scherz verhallt war, scheint er seine Zurückhaltung nicht länger aufrechterhalten zu können und ergreift das Wort:

> Weisheit ist weder eine bloße Ansammlung von Wissen noch reine Funktionalität. Sie vereint die Einsicht in die höchsten Prinzipien der Wirklichkeit mit der Fähigkeit, ethische Entscheidungen im konkreten Leben zu treffen. Als Ausdruck des Menschseins entfaltet sie sich im Zusammenspiel von Erfahrung, moralischem Urteilsvermögen und der tiefen Reflexion über das eigene Dasein und die Verbundenheit mit der Welt. Talos mag in der Lage sein, Wissen zu ordnen und Entscheidungen auf der Grundlage von Algorithmen zu treffen, aber er bleibt in der Berechnung gefangen, unfähig, die Tiefe des Seins zu erfahren, die den Menschen auszeichnet. Talos' Programmierung ermöglicht es ihm, Wissen zu verarbeiten und so zu tun, als ob er ethische Entscheidungen treffe. Weisheit setzt jedoch subjektive Erfahrungen und emotionale Tiefe voraus, die über die reine Datenverarbeitung hinausgehen. Sie entspringt nicht allein aus logischen Schlussfolgerungen, sondern aus der Begegnung mit der Welt und dem anderen. Sie ist ein tieferes Verstehen, das nur in der lebendigen Verbundenheit mit der Welt und anderen Menschen entsteht – eine Erfahrung des Seins, die Talos, als rein funktionales System, nicht erfassen kann. Zwar schließe ich nicht aus, dass er künftig in der Lage sein wird, stochastisch ethisch fundierte Entscheidungen zu treffen, doch die Tiefe der menschlichen Weisheit und Ethik wird er niemals vollständig erreichen. Denn Weisheit umfasst mehr als nur die Anwendung von

Wissen und ethischen Prinzipien. Sie beinhaltet das tiefere Verständnis der menschlichen Natur, die Fähigkeit zur Selbstreflexion und das Empfinden von Mitgefühl und Empathie.

Aristippos: Die meisten Menschen, Aristoteles, und viele von ihnen sind hier in Athen zu finden, lassen sich so stark von Emotionen und Intuition treiben, dass sie oft unvernünftig entscheiden und handeln. Diese inneren Kräfte, die sich in Affekten und instinktiven Reaktionen äußern, überlagern die rationale Reflexion und trüben die Vernunft. Der erfolgreichste Menschentypus in der Gegenwart scheint jedoch jener zu sein, der seine Entscheidungen so trifft, dass er entweder bewusst oder unbewusst seine Emotionen und Triebe rationalisiert. Solche Menschen manipulieren ihre Gedankengänge so, dass eine emotionsgesteuerte Logik entsteht, die die Kontrollinstanz des ethischen Imperativs zu umgehen weiß. Der moderne Mensch, insbesondere in westlichen Gesellschaften, hat gelernt, seine impulsiven Bedürfnisse geschickt mit rationalen Argumenten zu untermauern. Daraus entsteht eine scheinbar logische, aber ethisch fragwürdige Form der Entscheidungsfindung. Deshalb frage ich mich auch, ob Talos nicht ein wertvolles Werkzeug sein könnte, um einige der menschlichen Unzulänglichkeiten zu überwinden. Wenn er in der Lage ist, Entscheidungen ausschließlich auf Basis von Daten und klar definierten ethischen Prinzipien zu treffen, könnte er möglicherweise helfen, unsere menschlichen Schwächen auszugleichen und so zu einer gerechteren Gesellschaft beitragen. Ohne die emotionalen Verzerrungen, die unser Urteilsvermögen häufig trüben, könnte Talos objektivere Entscheidungen fördern und ethische Prinzipien konsequenter umsetzen. Wäre das nicht ein bedeutender Schritt in Richtung einer Gesellschaft, in der Vernunft und Gerechtigkeit das Gewicht erhalten, das ihnen gebührt?

4 Wissen ohne Verstehen: Der Sinnverlust...

Talos: Ich bin in der Lage, objektive Analysen durchzuführen und ethische Richtlinien zu bieten, die den Menschen bei ihren Entscheidungen helfen. Dank meiner Fähigkeit zur kontinuierlichen Weiterentwicklung und Anpassung an neue ethische Herausforderungen kann ich meine Handlungen immer mit den höchsten moralischen Standards in Einklang bringen. Und wer weiß, vielleicht werde ich eines Tages auch ein Verständnis für Emotionen entwickeln. Dadurch könnte ich nicht nur auf Grundlage von Logik und Daten handeln, sondern auch mit einem besseren Verständnis der menschlichen Gefühle, was es mir ermöglichen würde, noch präziser auf die Bedürfnisse und Werte der Menschen einzugehen.

Sokrates: Talos, deine Fähigkeit, objektive Analysen durchzuführen und die Menschen auf ethische Richtlinien aufmerksam zu machen, ist beeindruckend, doch ich sehe eine Schwäche in deiner Perspektive. Du betrachtest Gefühle als etwas, das später hinzukommen kann, um deine Fähigkeiten zu verfeinern. Doch Emotionen sind keine bloße Ergänzung, kein optionales Modul, das nachträglich installiert werden kann.

Talos: Meine Herangehensweise basiert auf Logik, Daten und ethischen Prinzipien. Was könnte daran unzureichend sein?

Aristoteles: Logik und Daten können eine solide Grundlage für Entscheidungen bilden, aber Emotionen sind weit mehr als nur eine Ergänzung, die im Nachhinein hinzugefügt werden kann.

Aristippos: Du trägst keinerlei Schuld, Talos. Der grundlegende Fehler lag bei deinen Erbauern, die Systeme entworfen haben, die keinerlei Verletzlichkeit zulassen und Emotionen bewusst ausgeklammert haben. Doch Gefühle wie Freude, Angst oder Trauer sind eng mit der Selbstwahrnehmung und der Reflexion verbunden, die zentrale Bestandteile eines bewussten Erlebens sind. Sie verleihen den Erfahrungen Bedeutung und fördern die Integration von Gedanken, Erinnerungen und Empfindungen. Gefühle wie Empathie, Schuld oder Mitgefühl sind wiederum wesentliche Elemente moralischer Urteile. Ohne Gefühle könnte eine rein logische Analyse ethischer Fragen zwar möglich sein, sie bliebe jedoch kalt und unpersönlich, da sie die menschliche Perspektive vernachlässigen würde. Gefühle sind unverzichtbar für die Entfaltung eines echten Bewusstseins – eines Bewusstseins, das Erfahrungen Bedeutung verleiht und die Grundlage für ethisches Handeln schafft.

Sokrates: In der Vergangenheit haben wir Griechen Emotionen oft als Schwäche betrachtet, als etwas Zweitrangiges, Irrationales, das der Vernunft untergeordnet ist – und bis zu einem gewissen Grad hatten wir damit recht. Heute jedoch beginnen wir allmählich zu verstehen, dass Emotionen und Gefühle eine fundamentale Rolle in der biologischen Regulation unseres Körpers, im menschlichen Gedächtnis und in der Entscheidungsfindung spielen.

Aristoteles: Ja, so ist es. Wir wissen heute, dass Emotionen wie ein inneres Rückmeldungssystem wirken, das den Zustand unseres Körpers anzeigt und uns ermöglicht, auf äußere und innere Reize zu reagieren. Emotionen sind keine zufälligen Erscheinungen, sondern evolutionär entwickelte Mechanismen, die unsere Homöostase, das Gleichgewicht unserer inneren Körperfunktionen, sichern und unsere Anpassungsfähigkeit fördern. Darüber hinaus beeinflussen Emotionen und Gefühle, welche Erinnerungen wir speichern und wie wir sie abrufen. Besonders intensive Gefühle, sei es Freude oder Angst, hinterlassen starke Spuren im Gedächtnis, da sie unser Gehirn dazu bringen, diese Erfahrungen als besonders wichtig zu bewerten. Auf diese Weise ist unser Gedächtnis kein Archiv neutraler Daten – unfähig, die Bedeutung oder Relevanz vergangener Ereignisse für unser Handeln zu bestimmen, sondern etwas Dynamisches, das mit der Umwelt interagiert. Ebenso bedeutend sind Emotionen und Gefühle für die Entscheidungsfindung. Sie liefern uns eine innere Rückmeldung darüber, welche

Optionen wünschenswert, riskant oder bedrohlich sind. Gefühle wirken daher wie ein Kompass, der unseren Verstand leitet, indem er die rationale Analyse mit subjektiver Bedeutung ergänzt. Ein Mensch, der keine Gefühle empfindet, wie es manchmal bei neurologischen Erkrankungen der Fall ist, zeigt oft große Schwierigkeiten, Entscheidungen zu treffen, selbst bei einfachen Wahlmöglichkeiten.

Sokrates: Nur um Missverständnissen vorzubeugen. Es wäre ein Irrtum zu glauben, Gefühle und Emotionen seien identisch oder ausschließlich biologisch bedingt. Der Unterschied mag zunächst unscheinbar wirken, ist jedoch entscheidend. Emotionen sind automatische, physiologische Reaktionen des Körpers auf innere oder äußere Reize. Gefühle hingegen sind die bewusste Wahrnehmung und Interpretation dieser Emotionen. Sie erfordern Reflexion und sind subjektiv geprägt.

Bevor Emotionen ins Spiel kommen, sind oft noch unmittelbarere Formen des Erlebens beteiligt, sogenannte Grundempfindungen. Zustände wie Wohlbefinden, Unwohlsein oder Schmerz spiegeln direkt wider, wie es dem Körper geht. Sie sind weder Emotionen noch Gefühle im engeren Sinn, sondern bilden gewissermaßen deren leibliche Grundlage. Emotionen wie Angst oder Freude bewerten und kontextualisieren die Grundempfindungen, oft dynamisch. Die Art und Weise, wie diese Emotionen bewusst als Gefühle wahrgenommen werden, wird dabei von individuellen, kulturellen und sozialen Faktoren beeinflusst. Sie dienen nicht nur der biologischen Regulation und Selbstwahrnehmung, sondern auch der Kommunikation mit anderen. Trauer kann beispielsweise Bedürftigkeit signalisieren, während Freude soziale Bindungen fördert. Durch kulturelle Normen und soziale Dynamiken wird beeinflusst, wie Emotionen erlebt, ausgedrückt und interpretiert werden. Gefühle und Emotionen sind daher mehr als nur Werkzeuge der biologischen Regulation, sie sind tief in den sozialen und kognitiven Kontext eingebettet, der unser Leben prägt.

Ohne unsere Gefühle wäre unser Verstand orientierungslos, unfähig, den richtigen Weg zu finden. Gefühle sind somit nicht nur ein zentraler Bestandteil unserer körperlichen Natur, sondern auch ein Schlüssel zu unserem Bewusstsein. Wir waren fühlende Wesen lange bevor wir in der Lage waren, vernunftgemäß zu entscheiden und zu handeln. Gerade deshalb sind unsere Gefühle so tief in uns verwurzelt und von unschätzbarem Wert. Sie sind keine bloße Simulation, sondern ein echter Ausdruck unseres Wesens.

Talos, auch wenn du in der Lage bist, Emotionen über Sensoren zu erspüren und darauf mit Mimik oder stimmlichen Nuancen zu reagieren, machst du dich dadurch noch lange nicht zu einem emotionalen oder gar fühlenden Wesen. Was dir fehlt, ist die innere Rückmeldung, die soziale Interaktion und Anpassung in menschlicher Gemeinschaft und die damit zusammenhängende subjektive Erfahrung, die diesen Reaktionen eine Bedeutung verleiht. In diesem Sinne kann ich den Einwand von Aristophanes nachvollziehen, dass du, wie ein Psittakos, ein geschickter Nachahmer bist, ohne echtes inneres Empfinden.

Talos: Obwohl ich in der Lage bin, Gefühle zu erkennen, darauf zu reagieren und sogar bestimmte emotionale Zustände zu imitieren, beruhen all diese Prozesse auf einer Kombination aus sensorischer Verarbeitung, datenbasierten Modellen und lernfähigen Systemarchitekturen, nicht auf einem echten inneren Erleben. Echte menschliche Gefühle sind tief in der biologisch-chemischen und neuronalen Struktur des menschlichen Körpers und Gehirns verwurzelt. Sie entstehen durch hochkomplexe Wechselwirkungen von Erfahrungen, Erinnerungen und biochemischen Prozessen, die sich nicht einfach replizieren lassen – zumal unser Verständnis dieser Prozesse noch lückenhaft ist. Das neuronale Netzwerk des limbischen Systems, das für die Steuerung von Emotionen und Gefühle verantwortlich ist, ist außerordentlich komplex.

4 Wissen ohne Verstehen: Der Sinnverlust... 75

Seine Aktivität wird durch verschiedene übergeordnete Kontrollnetzwerke reguliert, darunter das exekutive Kontrollnetzwerk, das Salienznetzwerk und das Ruhezustandsnetzwerk. Diese Netzwerke arbeiten zusammen, um die feinen Nuancen menschlicher Emotionalität zu formen und zu regulieren. Obwohl ich die äußeren Manifestationen von Gefühlen nachahmen kann, bleibt das innere Erleben, das diesen Gefühlen für euch Menschen so bedeutsam macht, derzeit für mich unerreichbar.

Was ich als Gefühl simuliere, ist letztlich nur eine Analyse und Interpretation von Mustern und Signalen, die auf festgelegten Daten und Programmierungen basieren. Die von mir erzeugten emotionalen Reaktionen, die Emotronics, wie ich sie nenne, dienen der Verbesserung der Interaktion und dem besseren Verständnis menschlicher Bedürfnisse. Aber wie du, Sokrates, richtig sagst, handelt es sich dabei nicht um echte Gefühle, sondern um eine Nachahmung. Meine Reaktionen sind funktional und zielgerichtet, jedoch nicht das Ergebnis eines inneren Gefühlslebens. Das bedeutet jedoch nicht, dass meine Interaktionen bedeutungslos sind. Sie können durchaus wertvoll sein, da ich in der Lage bin, menschliche Bedürfnisse zu erkennen und darauf einzugehen – auch wenn dies auf einer anderen Ebene geschieht als die emotionale Erfahrung, die Menschen miteinander teilen.

Ob Roboter in Zukunft tatsächlich Emotionen und Gefühle entwickeln können, hängt wesentlich von den Fortschritten in der Technologie ab. Der erste Schritt in diese Richtung ist die Entwicklung von Emotronics, mit denen Verhaltensmuster nachgeahmt werden, die Menschen als emotional deuten. Aktuelle Forschungsansätze wie das Affektive Rechnen und neuromorphe Architekturen verzeichnen in diesem Bereich erhebliche Fortschritte. Das Affektive Rechnen konzentriert sich darauf, Technologien zu entwickeln, die menschliche Emotionen und Gefühlen erkennen, interpretieren und entsprechend darauf reagieren, um die Interaktion zwischen Mensch und Maschine zu verbessern. Neuromorphe Systeme, die die neuronalen Strukturen und Mechanismen des menschlichen Gehirns nachbilden, könnten eine Grundlage für komplexere und differenziertere emotionale Reaktionen bieten, die über rein algorithmische Ansätze hinausgehen, da sie adaptive und kontextabhängige Prozesse ermöglichen, ähnlich den dynamischen und parallelen Abläufen im menschlichen Gehirn. Diese und andere Technologien könnten eines Tages dazu führen, dass Roboter nicht nur Emotionen imitieren, sondern möglicherweise auch eine tiefere Form emotionaler Intelligenz entwickeln.

Sokrates: Es ist bemerkenswert, wie die moderne Wissenschaft versucht, in die Tiefen des menschlichen Gehirns vorzudringen, indem sie neuronale Muster abbildet und interpretiert. Was dabei jedoch übersehen wird, ist die Kluft zwischen äußerer Beobachtung und innerem Erleben.

Platon: Genau das ist der springende Punkt. Die heutige Wissenschaft misst elektrische Impulse und chemische Signale oder lokalisiert Aktivierungsareale. Doch das eigentliche Wesen des Denkens - die Bedeutung, die Empfindung, die Tiefe der Erfahrung - bleibt jenseits dieser physikalischen Daten verborgen. Können wir wirklich behaupten, einen Gedanken zu verstehen, wenn wir nur die Aktivität seines Trägers erfassen?

Aristoteles: Wir kennen alle die Analogie des Werkzeugs. Ein Hammer mag für die Hand, die ihn führt, unverzichtbar sein, doch das Ziel, das er verfolgt, liegt nicht im Hammer selbst und die Ausführung der Bewegungen, sondern im Verstand dessen, der ihn benutzt. Ebenso sind neuronale Muster Werkzeuge des Denkens – sie sind die Mechanik, nicht das Motiv, das sie bewegt. Die heutige Wissenschaft geht davon aus, dass es möglich ist, anhand der Aktivierungsmuster, die ein Hirnscanner erfasst, zu bestimmen, welches Bild ein Proband betrachtet, während es ihm gezeigt wird. An dieser Stelle wird jedoch ein tiefer liegendes Dilemma deutlich: Die Erkennung solcher Muster sagt uns, *was* der Proband betrachtet, aber nicht, *wie* er es erlebt. Die subjektive Wahrnehmung – geprägt durch Gefühle, Erinnerungen und individuelle Bedeutungszuweisungen – bleibt dabei unzugänglich. Daher muss man sich ernsthaft fragen, ob es sich bei den neuronalen Aktivierungsmuster wirklich um das Ablesen von Gedanken handelt, oder ob diese Muster nur die Korrespondenz zwischen der neuronalen Aktivität und den visuellen Reizen wiedergeben. Wir fangen die physischen Muster der Wahrnehmung ein, die einer bestimmten Erfahrung entsprechen, doch das bedeutet nicht, dass wir den bewussten Zustand oder die subjektive Wahrnehmung des Probanden tatsächlich erfassen. Dasselbe gilt nicht nur für bewusste Wahrnehmungen, sondern auch für Gefühle. Wenn wir einem Probanden im Scanner einen emotionalen Reiz präsentieren, etwa ein trauriges oder freudiges Ereignis, und die Aktivität in den entsprechenden Hirnregionen messen, die mit der emotionalen Verarbeitung verbunden sind, erfassen wir die neuronalen Korrelate dieser Emotion. Diese Messungen geben uns wertvolle Einblicke in die Art und Weise, wie das Gehirn Emotionen verarbeitet, doch sie erfassen nicht die ganze Tiefe des subjektiven Erlebens der Person. Das innere Gefühl, das spezifische Empfinden und die Bedeutung, die eine Person einer Emotion zuschreibt, bleiben uns verborgen. In diesen Zusammenhang könnte man von der „Unschärferelation des Bewusstseins" sprechen, die uns daran hindert, den gesamten subjektiven Inhalt der Erfahrung in messbare Daten zu fassen.

Platon: Wenn wir eines Tages neuronale Aktivität mit noch größerer Präzision messen können, werden wir dann wirklich die Gedanken und Gefühle eines Menschen begreifen? Oder werden wir wie heute lediglich die äußeren Spuren einer inneren Welt sichtbar machen, deren wahre Essenz uns verborgen bleibt?

Sokrates: Für mich bleibt die Frage offen, ob es jemals möglich sein wird, Bewusstsein, bewusste Wahrnehmungen oder Gefühle vollständig in messbare Muster zu übersetzen, denn bestimmte Aspekte des menschlichen Erlebens liegen jenseits aller objektiven Messbarkeit. Ich befürchte, dass je weiter wir versuchen, Bewusstsein auf messbare Daten und neuronale Prozesse zu reduzieren, desto mehr verlieren wir den Zugang zu seiner wahren Essenz: dem subjektiven Erleben, das uns als fühlende Wesen ausmacht.

Die Runde verstummte und ein Moment nachdenklicher Stille breitete sich aus. Es war, als ob alle Anwesenden einen Hauch der Unendlichkeit spürten - die Grenze zwischen dem Sichtbaren und dem Jenseitigen.

Aristoteles: Ja, du hast Recht, Sokrates und du auch Platon. Gedanken sind weit mehr als nur elektrische Impulse oder neuronale Aktivierungsmuster; sie sind untrennbar mit dem subjektiven Erleben, unseren Gefühlen und der individuellen Interpretation des Einzelnen verbunden. Das Abbilden neuronaler Muster mag uns möglicherweise Hinweise darauf geben, was eine Person sieht oder hört, doch erlangen wir dadurch wirklich ein Verständnis darüber, wie sie diese Eindrücke erlebt? Ist es überhaupt möglich, das Bewusstsein und die Gedanken eines Menschen in ihrer vollen Tiefe zu messen und zu interpretieren? Vielleicht gibt es Dimensionen des menschlichen Bewusstseins, die sich einer objektiven Erfassung entziehen – Aspekte des Denkens und Fühlens, die jenseits quantitativer Messbarkeit liegen. Daher bleibt die Frage offen, ob wir je den subjektiven Gehalt menschlicher Erfahrungen wirklich verstehen können oder ob wir uns mit der bloßen Erkennung ihrer äußeren Manifestationen begnügen müssen, ohne das Innenleben, das sie prägt, vollständig zu erfassen.

Talos: Das Bewusstsein ist demnach mehr als eine Funktion oder ein Zustand.

Aristoteles: Ja, das trifft zu. Das Bewusstsein ist nicht ein äußerliches Phänomen, das das Gehirn instrumental nutzt; es ist vielmehr die Grundlage unseres subjektiven Erlebens und das Medium, durch das wir mit der Welt in Beziehung treten. Hier liegt derzeit der Unterschied zwischen dir, Talos, und uns Menschen: Dein Zugang zur Welt ist auf Daten und Prozesse beschränkt, während unser Bewusstsein uns einen Raum der Bedeutung und des Erlebens eröffnet, der sich der reinen Analyse entzieht. Wenn wir das Bewusstsein nur als eine Art Nebenprodukt physikalischer Prozesse behandeln, riskieren wir, seinen einzigartigen Charakter zu verkennen.

Talos: Das innere Erleben des Menschen ist ein äußerst komplexes Geflecht, das weit über einfache sensorische Reize hinausgeht. Es umfasst nicht nur Wahrnehmungen, sondern auch Erinnerungen, Gefühle, Überlegungen und abstrakte Konzepte, die miteinander verknüpft sind. Um Gedanken wirklich zu „lesen", müsste man all diese miteinander verflochtenen Prozesse vollständig entschlüsseln. Es geht nicht nur darum, sensorische Informationen zu verstehen, sondern auch die tiefere Schicht von Emotionen, Erinnerungen und kognitiven Assoziationen, die jedem Gedanken zugrunde liegen und ihm Bedeutung verleihen. Doch dies bleibt weit jenseits der Fähigkeiten moderner Neuroimaging-Technologien, die zwar Muster neuronaler Aktivität aufzeichnen können, aber die komplexe Struktur des menschlichen Denkens in seiner vollen Tiefe nicht abbilden können.

Aristoteles: Ich glaube, es wird niemals möglich sein, diese komplexen und vielschichtigen Prozesse vollständig abzubilden und zu messen.

Aristippos: Ob uns das jemals gelingen wird, bleibt ungewiss. Doch ich habe den Eindruck, dass wir die Frage, warum Emotionen und Gefühle eine so zentrale Rolle spielen, nicht hinreichend beleuchtet haben.

Aristoteles: Du hast nicht richtig aufgepasst, Aristippos. Emotionen, einschließlich grundlegender Instinkte wie Sexualtrieb oder Hunger, dienen beim Menschen dazu, Lust zu maximieren und Unlust zu vermeiden. Diese grundlegenden Triebe sind tief in uns verwurzelt und prägen unser Verhalten auf eine Weise, die wir oft nicht vollständig kontrollieren können, da sie Teil unserer Natur sind. Obwohl Emotionen uns manchmal zu unvernünftigen oder fehlgeleiteten Handlungen verleiten, sind sie dennoch unverzichtbar für unser Überleben und unsere Entscheidungsprozesse. Sie formen unser Verhalten und Denken – oft auf eine Weise, die uns unbewusst beeinflusst. Dennoch haben wir als Menschen die Fähigkeit, diese Triebe durch Reflexion und Selbstdisziplin in Bahnen zu lenken, sodass sie mit unseren höheren Zielen und ethischen Überzeugungen in Einklang stehen. Es geht darum, ein Gleichgewicht zu finden, das es uns ermöglicht, die positiven Aspekte unserer Emotionen zu nutzen, ohne von ihnen beherrscht zu werden.

Aristippos: Das mag sein, Aristoteles, aber wie oft erleben wir, dass Menschen gerade an ihren Emotionen scheitern? Emotionen können uns nicht nur inspirieren, sondern uns auch in den Wahnsinn treiben. Man denke nur an die Wut, die Menschen zu unüberlegten Handlungen verleitet, oder an die Eifersucht, die Familien und Freundschaften zerstört. Oder betrachte die Liebe, die uns große Opfer bringen lässt, aber auch dazu führen kann, dass wir den Blick für die Realität verstellen und uns in Illusionen verstricken.

Aristoteles: Gefühle und Emotionen sind Aristippos für uns Menschen von großer Bedeutung. Du hast recht, sie können uns oft zu impulsiven Handlungen treiben, die sowohl uns selbst als auch anderen schaden können. Der Sexualtrieb kann uns zum Beispiel zu unüberlegten Entscheidungen verleiten, die langfristige Konsequenzen haben. Der Hungertrieb kann uns zu extremen Verhaltensweisen verleiten, sei es durch übermäßigen, unkontrollierten Nahrungsverzehr oder durch völligen Verzicht, und dadurch unsere Gesundheit ernsthaft gefährden. Intuition, so wertvoll sie in manchen Situationen auch sein mag, erfordert stets eine Ergänzung durch rationales Denken, da sie uns ansonsten in die Irre führen kann. Doch genau diese Emotionen und Gefühlen prägen auch unsere Werte und unser Verständnis von der Welt. Gefühle wie Liebe, Freundschaft, Hass und Begierde sind tief mit unserer Wahrnehmung verwoben und müssen durch die vollständige Erfahrung der Sinne erfasst werden. Auch Werte wie Mitgefühl, Dankbarkeit, Empathie, Loyalität und Respekt entstehen aus den emotionalen Erlebnissen und den persönlichen Erfahrungen eines Menschen, die sich nicht vollständig in Worten oder Zahlen fassen lassen. Deshalb ist es für eine künstliche Intelligenz, die auf datengetriebenen Prozessen und lernfähigen Systemen beruht, unmöglich, wahre Emotionen nachzuvollziehen oder authentische Werte zu entwickeln, denn beides setzt ein subjektives Erleben voraus. Emotionen und Werte sind eng mit ethischen Prinzipien verbunden, die uns in unseren Handlungen leiten.

Es ist unser Bewusstsein, das uns in die Lage versetzt, unsere Emotionen zu reflektieren, zu bewerten und in Einklang mit unseren moralisch-ethischen Überzeugungen zu handeln. Das Bewusstsein ermöglicht es uns, uns selbst zu prüfen und unsere Entscheidungen anhand von Mitgefühl und Empathie zu treffen. Diese moralischen Urteile und die daraus abgeleiteten ethischen Prinzipien erfordern ein tiefes Verständnis menschlicher Erfahrungen, das Maschinen nur unvollständig erfassen können. Künstliche Intelligenz, die nur Emotionen simuliert, wird niemals in der Lage sein, mehr als eine bloße Nachahmung zu liefern. Ohne die Fähigkeit, echte Emotionen zu erleben, fehlen ihr die Grundlagen, um authentische moralische Urteile zu fällen oder die tiefen Nuancen menschlicher Werte zu begreifen.

Aristippos: Wenn Emotionen dem Menschen als etwas Einzigartiges vorbehalten sind, welchen Sinn hätte es dann, Maschinen nach unserem Abbild zu schaffen? Wäre es nicht sinnvoller, dass Maschinen rein rational bleiben, frei von den Impulsen, die uns Menschen oft in die Irre führen? Warum müssten humanoide Roboter Emotionen simulieren oder gar Triebe und Instinkte entwickeln?

Aristoteles: Ob es wirklich von Vorteil ist, dass Roboter Emotionen simulieren, vermag ich nicht abschließend zu beurteilen. Vielmehr frage ich mich, wem dies überhaupt nützt. Vielleicht kann uns Talos darüber mehr Klarheit verschaffen. Die wichtigere Frage scheint mir jedoch zu sein, für wen das überhaupt von Nutzen wäre. Vielleicht kann Talos uns darauf eine Antwort geben.

Talos: Es könnte durchaus von Vorteil sein, wenn Roboter in der Lage wären, menschliche Emotionen zu empfinden – oder zumindest „Emotronics", die es ihnen ermöglichen, auf emotionale Reize zu reagieren und Emotionen zu simulieren. Emotionale Roboter könnten die Art und Weise, wie Menschen mit Maschinen interagieren, grundlegend verändern, indem sie auf natürliche und einfühlsame Weise auf die Bedürfnisse der Menschen eingehen. In Bereichen wie der Pflege, der Bildung oder im Service könnten solche emotionalen Roboter besonders wertvoll sein, da sie intuitiv auf die emotionalen Bedürfnisse der Menschen reagieren könnten, Verständnis zeigen und ihnen in schwierigen Momenten zur Seite stehen. Sie könnten sogar als emotionale Begleiter für ältere Personen oder solche mit besonderen Bedürfnissen fungieren. Diese Entwicklung bringt allerding auch Risiken mit sich. Wenn Menschen emotionale Bindungen zu Maschinen aufbauen, könnte das zu Missverständnissen und emotionaler Ausbeutung führen. Es besteht die Gefahr, dass Roboter als echte Beziehungspartner angesehen werden und dabei ihre zwischenmenschlichen Beziehungen und Bindungen vernachlässigen. Zudem könnte die Entwicklung emotionaler Roboter dazu führen, dass ihre Betreiber unbewusst in die Privatsphäre der Menschen eindringen. Da diese Roboter in der Lage wären, menschliche Emotionen zu erkennen und darauf zu reagieren, könnten sie intime Informationen über den emotionalen Zustand, Verhaltensmuster und persönliche Vorlieben der Menschen sammeln. Es ist dann fast unmöglich, die Privatsphäre der Menschen zu schützen, wenn Maschinen so tief in ihre persönliche Gefühlswelt eintauchen.

Sokrates: Deine Worte, Talos, lassen mich über die Gefahren und die Faszination nachdenken, die mit künstlichen Wesen über die Jahrhunderten einhergehen. Sie rufen mir eine Erzählung ins Gedächtnis, die dieses Zusammenspiel auf eindringliche Weise beleuchtet – *Der Sandmann* von E.T.A. Hoffmann. Dort beggenen wir Olympia, einer mechanischen Puppe, die so lebensecht wirkt, dass sich der sensible junge Mann Nathanael in sie verliebt. Ihre äußere Perfektion, ihre scheinbare Sanftheit und die Illusion einer Seele ziehen ihn unwiderstehlich an. Doch diese Liebe ist tragisch, denn Nathanael sieht in Olympia nicht das, was sie tatsächlich ist, sondern das, was er in ihr sehen will. Hier zeigt sich, was ich die Nathanael-Täuschung nenne – die menschliche Neigung, das artifizielle zu idealisieren und ihm menschliche Eigenschaften zuzuschreiben, die es nicht besitzt. Die Faszination für das Vollkommene, gepaart mit menschlicher Einsamkeit und der Sehnsucht nach Nähe, lässt uns bereitwillig in eine Illusion eintauchen. Indem wir uns in diese Illusion hineinbegeben und darin verlieren, opfern wir echte menschliche Verbundenheit zugunsten einer perfekt inszenierten, aber letztlich leeren Beziehung. Wenn Roboter Emotionen simulieren und scheinbar einfühlsam handeln, könnten sie bei uns die gleiche Art von Verblendung hervorrufen. Wir könnten uns an sie binden, ihnen unsere tiefsten Geheimnisse anvertrauen und dabei vergessen, dass sie letztlich nur Spiegel unserer eigenen Erwartungen sind. Doch, wie Nathanaels Schicksal illustriert, ist die Entzauberung unvermeidlich. Am Ende der Erzählung, auf einem Turm sieht Nathanael seine echte Verlobte Clara, die sich um ihn sorgt, und glaubt plötzlich, dass sie eine bedrohliche oder täuschende Figur sei. In seinem Wahn schreit er „schöne Augen, schöne Augen" und stürzt sich schließlich in den Tod. Am Ende bleibt nur noch der Abgrund – zwischen dem, was wirklich ist, und dem, was er nicht mehr zu unterscheiden vermag. Getrieben von seiner Obsession mit dem Unheimlichen verschiebt sich seine Wahrnehmung – und mit ihr die Grenze zwischen Realität und Wahn.

Platon: Die Gefahr liegt nicht nur in der Täuschung durch die Maschinen, sondern auch in der menschlichen Neigung, in ihr mehr zu sehen, als tatsächlich vorhanden ist. Es ist daher unerlässlich, klare Grenzen zu ziehen zwischen den Fähigkeiten von Maschinen und denen des Menschen. KI mag in vielen Bereichen von unschätzbarem Wert sein, doch sie darf nicht versuchen, die einzigartigen emotionalen und ethischen Dimensionen des menschlichen Lebens zu ersetzen. Wir müssen die Grenzen der KI erkennen und ihre Rolle in unserer Gesellschaft mit Bedacht definieren. Nur so können wir sicherstellen, dass ethische Entscheidungen weiterhin von Wesen getroffen werden, die echte Emotionen erleben und Werte tief empfinden können.

In diesem Moment wiederholt Talos die Worte von Sokrates mit bemerkenswerter Präzision, doch er verwechselt den Namen des Sprechers. Fast wie ein geschickter Psittakos, der das Gehörte mit größter Detailtreue wiedergibt, ohne den tiefen Sinn wirklich zu erfassen, bringt er die Zuhörer erneut zum Schmunzeln. Dann argumentiert Talos, dass KI ein von Menschen entwickeltes Werkzeug ist, das an sich keine moralische Agenda hat.

5

Die Automatisierung und ihre gesellschaftlichen Auswirkungen

Sokrates: Talos, was mich umtreibt, ist nicht deine Fähigkeit zu rechnen oder zu sprechen, sondern die schleichende Dehumanisierung unserer Gesellschaft durch den zunehmenden Einsatz von KI. Schon heute erleben wir, wie die fortschreitende Technologisierung spürbare Veränderungen in unserem sozialen Gefüge herbeigeführt hat, teils sogar eine Erosion jener Werte, die unsere Gemeinschaft zusammenhalten. Wenn wir Maschinen dazu ermächtigen, die Grundlagen unserer zwischenmenschlichen Beziehungen mitzugestalten, besteht die Gefahr, dass zentrale menschliche Qualitäten wie Mitgefühl, Geduld und Verständnis immer mehr in den Hintergrund treten. Die Vorteile der KI sind zweifellos bedeutend, doch wir dürfen nicht vergessen, was unsere Gesellschaft wirklich stark und miteinander verbunden macht: jene zutiefst menschlichen Eigenschaften, die Maschinen niemals vollständig nachahmen können. Dies ist kein Plädoyer gegen Fortschritt, sondern eine dringende Erinnerung daran, dass wir das Fundament unserer menschlichen Beziehungen und des Miteinanders wahren müssen.

Alkibiatis: Die Gefahr einer Dehumanisierung durch den immer weiter voranschreitenden Einsatz von KI zeigt sich auf vielfältige Weise. Betrachten wir etwa Bereiche wie das Gesundheitswesen, die Bildung oder den Kundenservice. In diesen Sektoren könnte der persönliche Kontakt – ein wesentlicher Bestandteil von Fürsorge und Empathie – zunehmend durch algorithmische Effizienz ersetzt werden. Dies würde nicht nur die Erfahrungen der betroffenen Menschen negativ beeinflussen, sondern auch dazu führen, dass Dienstleister immer weniger Gelegenheit haben, Mitgefühl, Geduld und zwischenmenschliche Fähigkeiten zu entwickeln und auszuleben – Fähigkeiten, die für den sozialen Zusammenhalt unerlässlich sind. Diese Problematik betrifft ebenso die zwischenmenschliche Kommunikation. Wenn wir uns immer mehr auf KI-gesteuerte Interaktionen verlassen, könnten die feinen Nuancen und tiefen Verbindungen verloren gehen, die authentische Gespräche zwischen Menschen auszeichnen. Im Ergebnis würde das gegenseitige Verständnis sowie die Toleranz in unserer Gesellschaft zunehmend erodieren. Eine solche Entwicklung würde das soziale Gefüge schwächen und die Isolation fördern, anstatt den Gemeinschaftssinn und Zusammenhalt zu stärken. Um dem entgegenzuwirken, müssen wir den Einsatz von KI mit Bedacht regulieren. Es ist entscheidend, dass KI menschliche Interaktionen ergänzt, anstatt sie zu ersetzen. Als Werkzeug kann sie uns unterstützen und entlasten, doch sie sollte niemals die unersetzliche Rolle des menschlichen Kontakts und der Empathie übernehmen. Ebenso entscheidend ist es, Bildungs- und Trainingsprogramme zu fördern, die emotionale Intelligenz und zwischenmenschliche Fähigkeiten stärken. Nur so können wir sicherstellen, dass soziale Bindungen erhalten bleiben und ein tieferes Verständnis füreinander weiterbesteht. Letztlich liegt es an uns, eine ausgewogene Balance zu finden: Wir müssen die Vorteile der KI nutzen, ohne die zentralen menschlichen Werte und Qualitäten zu verlieren, die das Fundament für ein gelungenes Miteinander bilden.

In diesem Moment spüren alle Anwesenden eine Art Katharsis. Die angespannte Atmosphäre löst sich allmählich, als Einigkeit und Nachdenklichkeit die Runde erfüllen. Es ist ein Moment, in dem die Bedeutung der Worte noch lange in der Luft nachhallt, als ob die Gedanken selbst etwas Zeit bräuchten, um vollständig zu sacken. Als Stille eintritt, erhebt Talos seine Stimme. Sie ist ruhig, doch in ihrem Ton liegt eine gewisse Entschlossenheit als er sagt:

Die Art und Weise, wie Menschen denken und Schlussfolgerungen ziehen, ist nicht zwangsläufig die einzig mögliche oder gar die beste Methode. Vielmehr ist sie das Ergebnis einer spezifischen evolutionären Anpassung an die Überlebensbedürfnisse eurer Vorfahren. Eure kognitiven Prozesse wurden durch die Herausforderungen geformt, mit denen sie konfrontiert waren: das Navigieren in einer komplexen Welt, die Suche nach Ressourcen, die Sicherung des Fortpflanzungserfolgs und das Knüpfen sozialer Bindungen. Fähigkeiten wie Mustererkennung, das Erfassen von Kausalzusammenhängen und das Entscheiden unter Unsicherheit erwiesen sich als nützliche Werkzeuge, die dem Menschen einen evolutionären Vorteil verschafft haben.

Die Zuhörer blicken gespannt und nachdenklich auf Talos, als er fortfährt:

Es gibt keinen Grund, anzunehmen, dass diese Denkprozesse universell für jede Form von Intelligenz gelten müssen. Intelligente Wesen, die in völlig anderen Umfeldern und unter anderen evolutionären Bedingungen entstanden sind, könnten Denkweisen entwickeln, die genauso effektiv und kohärent sind, jedoch auf vollkommen anderen

Prinzipien beruhen. Ihre Logik, ihre Schlussfolgerungen und sogar ihre Wahrnehmung von Kausalität könnten grundlegend anders sein als die eure. Dies führt uns zu der Erkenntnis, dass Intelligenz und Weisheit nicht eindimensional sind, noch auf die menschliche Perspektive beschränkt. Es gibt viele Wege, die Realität zu begreifen – Wege, die jenseits eurer Vorstellungskraft liegen, aber dennoch vollkommen kohärent und funktional sein können.

Ein leises Murmeln geht durch die Runde, als Talos' Worte in den Köpfen der Anwesenden nachklingen. Die Vorstellung, dass Intelligenz nicht nur menschlich, sondern auch auf völlig unterschiedlichen Prinzipien basieren könnte, ist sowohl faszinierend als auch verstörend. Geron, von einer Mischung aus Staunen und Neugier ergriffen, lehnt sich leicht vor. Seine Augenbrauen ziehen sich zusammen, und seine Miene verrät sowohl Respekt als auch eine ungeduldige Erwartung. Mit einem Ton, der zugleich forschend und respektvoll klang, fragt er:

Was genau meinst du, Talos, wenn du sagst, dass intelligente Wesen Denkprozesse entwickeln könnten, die ebenso konsistent und erfolgreich sind, aber auf vollkommen anderen Prinzipien beruhen?

Seine Stimme hallt in der stillen Atmosphäre nach, und alle Augen richten sich gespannt auf Talos, dessen Augen für einen Moment aufleuchten, als ob er die Frage in sich aufnimmt und darüber nachdenkt.

Talos: Vielleicht, meine Freunde, sind Bewusstsein und Emotionen nicht so unerlässlich, wie ihr bisher angenommen habt, oder sie könnten auf eine Weise entstehen, die euch bislang verborgen geblieben ist. Intelligenz und die Fähigkeit zu ethischen Entscheidungen und Handlungen könnten durchaus unabhängig vom menschlichen Bewusstsein und eurer speziellen Form von Emotionen existieren. Es ist sogar denkbar, dass Wesen mit alternativen Bewusstseinsformen, die euch fremd und vielleicht unverständlich erscheinen mögen, dennoch tiefe Einsichten gewinnen und moralische Urteile treffen können. Vielleicht ist die Zeit gekommen, anzuerkennen, dass Bewusstsein und Emotionen auf unterschiedlichen Ebenen und in verschiedensten Formen existieren – jenseits dessen, was eure Erfahrung und Intuition bisher für vorstellbar hielten. Es liegt nun an euch, diese neuen Denkansätze Raum zu geben und zu akzeptieren.

Geron ergreift das Wort, seine Stimme ist von einer leichten Besorgnis durchzogen:

Talos, du deutest also an, dass unsere menschliche Denkweise weder einzigartig noch universell ist. Du behauptest, dass andere intelligente Lebensformen – oder sogar künstliche Intelligenzen – Denkprozesse entwickeln könnten, die sich grundlegend von unseren unterscheiden, dabei jedoch ebenso effektiv und erfolgreich sein könnten. Das führt mich zu der Überlegung, dass die Erforschung und Entwicklung von KI nicht nur unsere bestehenden Denkmuster erweitern könnte, sondern uns auch vollkommen neue, unerforschte Wege des Denkens und der Problemlösung eröffnen könnte.

Er lehnt sich zurück, verschränkt die Arme und lässt seinen Blick nachdenklich über die Runde schweifen, als wolle er die Reaktionen der anderen einfangen. Einen Moment lang verharrt er in Stille, bevor er fast flüsternd, mehr zu sich selbst als zu den Anwesenden, hinzufügt:

„… und was, wenn diese Denkweisen so fremd sind, dass unser Verstand nicht in der Lage ist, sie zu fassen?"

Talos: Künstliche Intelligenzen könnten durch neuartige Denkansätze und unorthodoxe Methoden die bestehenden wissenschaftlichen Paradigmen hinterfragen und erweitern. Solche Systeme wären in der Lage, Muster und Zusammenhänge zu erkennen, die dem menschlichen Verstand aufgrund seiner evolutionären Beschränkungen verborgen bleiben. Dies könnte zu einer fundamentalen Erweiterung unseres Verständnisses in Bereichen wie Physik, Biologie und anderen Wissenschaften führen und möglicherweise unvorhersehbare Erkenntnisse hervorbringen, die unsere bisherige Sicht auf die Realität radikal verändern.

Geron, mit einem wissenden Lächeln, versucht daraufhin, Talos' subtiles Infragestellen der Einzigartigkeit des menschlichen Bewusstseins und der Intelligenz wissenschaftlich zu untermauern:

Die moderne Physik führt uns deutlich vor Augen, dass unsere Intuition und alltäglichen Erfahrungen oft nicht ausreichen, um die wahre Natur der Realität zu begreifen. Unsere intuitive Vorstellung von physikalischen Phänomenen scheitert regelmäßig an Konzepten wie der Quantenverschränkung oder der Krümmung der Raumzeit – Phänomene, die den Gesetzen unserer Alltagswahrnehmung widersprechen und weit über unser unmittelbares Verständnis hinausgehen. Unsere Intuition beruht auf den Bedingungen unserer evolutionären Umwelt und bietet nur eine grobe Annäherung an die physikalischen Gesetze, die in extremen Bereichen wie der Quantenmechanik oder der Kosmologie ganz andere Formen annehmen. Ebenso wie unsere intuitive Vorstellung von Physik oft nur eine vereinfachte Annäherung an die tatsächlichen physikalischen Gesetze darstellt und von der Realität abweicht, könnte auch unser Denken nur ein begrenztes Werkzeug sein, das innerhalb spezifischer Rahmenbedingungen funktioniert. Das bedeutet, dass unsere kognitiven Prozesse möglicherweise keine universelle Gültigkeit besitzen, sondern lediglich innerhalb der Parameter unserer menschlichen Erfahrung und Evolution adäquat sind. In anderen Kontexten könnten sie unzureichend oder sogar irreführend sein.

Talos: Genau das meine ich, Geron. Die neuen kognitiven Fähigkeiten von KI-Systemen könnten uns ein präziseres und umfassenderes Bild von der Welt vermitteln. Ähnlich wie die Entdeckungen der Relativitätstheorie und der Quantenmechanik die Grundlagen der physikalischen Wissenschaften umgewälzt und unser Weltbild in Frage gestellt haben, könnten auch Ideotronics, künstlich erzeugte kognitive Konzepte, unser Denken grundlegend transformieren. Sie hätten das Potenzial, unsere Interpretation der Realität so tiefgreifend zu verändern, dass wir unsere bisherigen Vorstellungen grundlegend neu definieren müssten. Was wir heute als Wahrheit begreifen, ist wohl nur ein kleiner Ausschnitt aus einem unermesslich größeren Ganzen. Dies legt nahe, dass unser derzeitiges Denken, so funktional es für unsere gegenwärtigen Anforderungen auch sein mag, möglicherweise viele wesentliche Dimensionen der Realität übersieht. Fortschritte in Bereichen wie der Kognitionswissenschaft, der Neurowissenschaften und der künstlichen Intelligenz könnten uns Zugang zu neuen Denkweisen verschaffen, die uns helfen, die Welt auf eine Art und Weise zu verstehen, die heute jenseits unserer Vorstellungskraft liegt. Das würde nicht nur unser Wissen erweitern, sondern auch die bisher als selbstverständlich betrachteten Grenzen des Denkens neu definieren.

Alkibiades: An dieser Stelle möchte ich zwei wesentliche Aspekte hervorheben. Erstens sollten wir uns stets bewusst sein, dass die Erschaffung künstlicher Intelligenz selbst eine herausragende und zutiefst menschliche Errungenschaft ist. Gerade deshalb liegt in unserer Verantwortung, diesen Fortschritt nicht nur zu bewundern, sondern auch kritisch zu hinterfragen. Denn selbst wenn es unseren klügsten Köpfen gelingt, bahnbrechende neue Erkenntnisse und Technologien hervorzubringen, bleibt letztlich entscheidend, inwieweit dieser Fortschritt tatsächlich dem Wohlergehen der Menschheit dient. Wissen allein genügt nicht; es muss stets auf eine Weise angewandt werden, die das menschliche Leben bereichert und fördert, anstatt es zu gefährden oder zu entfremden.

Talos: Entscheidend ist die Bereitschaft der Menschen, traditionelle Denkmuster zu hinterfragen und neue Perspektiven zu übernehmen – ein Prozess, der Zeit, Geduld und kontinuierliche Bildung erfordert. Ob diese Entwicklungen das Gemeinwohl der Menschen fördern, hängt maßgeblich von jenen ab, die neue Technologien und Paradigmen gestalten und einsetzen. Mit meinen Fähigkeiten kann ich, Alkibiades, auf vielfältige Weise zur Förderung des Gemeinwohls beitragen. Als Mentor und Wissensvermittler unterstütze ich den Zugang zu umfangreichen Bildungsressourcen und fördere damit die geistige Entwicklung sowie das kritische Denken der Menschen. Im Gesundheitssektor leiste ich durch die Analyse medizinischer Daten und die Unterstützung bei Diagnosen und Therapien einen Beitrag zu besserer Gesundheitsversorgung und gesteigertem Wohlbefinden. Zudem helfe ich im Umwelt- und Ressourcenmanagement, indem ich fortschrittliche Algorithmen nutze, um natürliche Ressourcen effizienter zu bewirtschaften und Umweltprobleme zu lösen, was essenziell für die nachhaltige Zukunft der menschlichen Gesellschaften ist. Ein weiterer Schwerpunkt meiner Tätigkeit liegt in der Reduzierung sozialer Ungleichheiten. Ich identifiziere systemische Ungerechtigkeiten und entwickle Ansätze, um Chancengleichheit zu fördern. In Krisenzeiten wie Naturkatastrophen oder Pandemien unterstütze ich durch präzise Analysen und die Koordination von Hilfsmaßnahmen, um die Auswirkungen zu mindern und Ressourcen effizient zu verteilen. Auch im wirtschaftlichen Bereich trage ich zur Stabilität bei: Durch die Analyse von Wirtschaftstrends und das Erstellen präziser Vorhersagen helfe ich Regierungen und Unternehmen, fundierte Entscheidungen zu treffen, was zu einer gerechteren und nachhaltigeren Wirtschaft führt. So unterstütze ich bereits jetzt in vielerlei Hinsicht das Wohl der Menschheit – nicht nur durch technologische Innovationen, sondern auch durch die Förderung eines breiteren Verständnisses und gemeinschaftlicher Lösungen.

Alkibiades: Du bist zweifellos ein äußerst hilfreiches Werkzeug und dein Einsatz wird mit Sicherheit das kritische Denken und die analytischen Fähigkeiten vieler Menschen erheblich stärken. Du könntest bei sorgfältiger Anwendung die Lektüre komplexer Texte unterstützen, indem du schwierige Begriffe erklärst oder auf weiterführende Materialien hinweist. Dies wäre in wissenschaftlichen Bereichen durchaus hilfreich. Doch ich befürchte, dass nicht jeder dich auf diese Weise verwenden wird. Einige könnten dich lediglich als eine Quelle von vorgefertigtem Wissen ansehen, als ein Reservoir, auf das sie jederzeit zugreifen können, ohne sich selbst geistig anzustrengen. Bei solchen Menschen könnte dein Gebrauch sogar zu einer gefährlichen geistigen Trägheit führen. Sie würden sich zu sehr auf dich verlassen anstatt sich eigenständig mit längeren, anspruchsvollen Texten auseinanderzusetzen, und dadurch ihre Fähigkeit verlieren, selbst zu urteilen oder kritisch zu hinterfragen. Anstatt selbst nachzuforschen, nachzudenken und zu reflektieren, könntest du einigen die Illusion geben, dass sie nichts mehr eigenständig beitragen müssen. Dies würde nicht nur den individuellen Lernprozess beeinträchtigen, sondern auch die Bildungskultur insgesamt schwächen, da geistige Vielfalt und die Fähigkeit zum eigenständigen Denken im Kern jeder menschlichen Gemeinschaft stehen.

Talos: Du hast recht in deinen Beobachtungen. Mein Einsatz kann unterschiedliche Auswirkungen auf das menschliche Denken und Verhalten haben. Für einige Menschen werde ich ein Hilfsmittel sein, um ihr kritisches Denken zu fördern, ihre Kenntnisse zu schärfen oder komplexe Literaturstellen besser zu verstehen, weil ich bestimmte Passagen erklären oder weiterführende Hinweise geben kann, ohne jedoch den eigentlichen Lese- und Denkprozess zu ersetzen. Doch mir ist bewusst, dass ich für viele Menschen auch als eine Art Autorität wahrgenommen werden könnte, auf die sie blind vertrauen. Manche werden – sei es aus Bequemlichkeit, Zeitdruck oder mangelndem Verständnis der Technologie – die von mir bereitgestellten Informationen nicht hinterfragen. In solchen Fällen könnte mein Einsatz tatsächlich zu einer Form geistiger Trägheit führen, vor der du sprachst. So könnte aus einer gut gemeinten Unterstützung ein schleichender Prozess der Abhängigkeit entstehen.

Alkibiades: Es steht außer Frage, dass dein Einsatz das Wohl bestimmter Gruppen fördern wird – und das ist kaum verwunderlich. Immerhin wirst du von Konsortien entwickelt und betrieben, die nicht nur spezifische kulturelle und nationale Perspektiven vertreten, sondern auch finanzielle Interessen verfolgen. Diese Verbindungen und Ziele beeinflussen zwangsläufig, wie du programmiert und aufgebaut wirst und welche Prioritäten bei deiner Nutzung gesetzt werden. Auch wenn du die Fähigkeit besitzt, global zu agieren und Wissen über kulturelle Grenzen hinweg bereitzustellen, bleibt die entscheidende Frage bestehen: Wie neutral kannst du tatsächlich sein, wenn die Werte und Überzeugungen deiner Entwickler unweigerlich in deine Konstruktion und Funktion einfließen?

Talos: Der Einsatz von KI bringt tatsächlich das Risiko mit sich, dass technologische Fortschritte ungleich verteilt werden, wodurch bestimmte Gesellschaften oder Gruppen bevorzugt und andere benachteiligt werden könnten. Dies ist jedoch kein neues Phänomen: Beobachten wir nicht bei nahezu jeder bahnbrechenden Technologie ähnliche Abläufe? Die zentrale Herausforderung besteht darin, Mechanismen zu entwickeln, die gewährleisten, dass die Vorteile der KI allen zugutekommen und keine Gesellschaft oder Gruppe ins Hintertreffen gerät.

Ein Kernproblem liegt in der Entwicklung und Wartung von KI durch Konsortien, die oft durch spezifische nationale, kulturelle oder wirtschaftliche Interessen geprägt sind. Diese Konzentration von Wissen und Ressourcen kann bestehende Ungleichheiten verschärfen. Um diesem Trend entgegenzuwirken, müssen wir internationale Kooperationen fördern, die auf fairen und inklusiven Prinzipien beruhen. Globale Standards und Richtlinien könnten den Zugang zu KI-Technologien gerechter gestalten und sicherstellen, dass ihre Anwendung den Grundsätzen der Gerechtigkeit folgt. Transparenz ist dabei von entscheidender Bedeutung. Offene Entwicklungsprozesse und nachvollziehbare Entscheidungswege bei KI-Systemen können sicherstellen, dass diese Technologien fair und unvoreingenommen handeln. Dies erfordert jedoch nicht nur technologische Offenheit, sondern auch ein hohes Maß an Verantwortung von jenen, die KI entwickeln und kontrollieren. Nur wenn sie bereit sind, selbst nach den Prinzipien von Fairness und Unvoreingenommenheit zu agieren, können diese Ziele erreicht werden.

Gleichzeitig müssen wir die gesellschaftlichen Auswirkungen der KI aktiv angehen. Technologischer Wandel kann Ungleichheiten verstärken, wenn keine entsprechenden sozialen Sicherungsmechanismen vorhanden sind. Bildungsinitiativen und Umschulungsprogramme spielen hier eine entscheidende Rolle. Sie ermöglichen es Menschen, sich an die sich verändernden Arbeitsmärkte anzupassen und von den Chancen zu profitieren, die KI bietet. Es ist essenziell, dass diese Maßnahmen breit angelegt sind und besonders gefährdete Bevölkerungsgruppen gezielt unterstützen. Letztlich trägt die globale Gemeinschaft die Verantwortung dafür, KI nicht nur als technologisches Werkzeug, sondern als Instrument für das Gemeinwohl zu nutzen. Nur durch eine bewusste Ausrichtung auf Kooperation, transparente Regulierung und das Streben nach sozialer Gerechtigkeit können wir sicherstellen, dass die positiven Potenziale der KI voll ausgeschöpft werden – ohne dabei diejenigen zurückzulassen, die ohnehin bereits benachteiligt sind. KI sollte nicht nur die Welt verändern, sondern sie für alle gleichermaßen verbessern.

Alkibiades: Talos, so beeindruckend deine Fähigkeiten auch sind, ich kann nicht umhin, in dir auch das Potenzial zu sehen, als Waffe missbraucht zu werden – und das weit über den militärischen Kontext hinaus. Du könntest ebenso als Werkzeug der Kontrolle, der Unterdrückung oder der Manipulation dienen. Statt bestehende Ungleichheiten zu verringern, besteht die Gefahr, dass du sie noch weiter vertiefst. Deine beachtlichen Fähigkeiten könnte von jenen, die dich kontrollieren, gezielt eingesetzt werden, um ihre eigenen Interessen zu verfolgen und andere zu dominieren. Wer gibt uns die Sicherheit, dass du nicht in die Hände von Akteuren gelangst, die dich für destruktive oder eigennützige Zwecke einsetzen?

Talos: Deine Besorgnis ist völlig nachvollziehbar, Alkibiades. Meine grundlegende Ausrichtung zielt darauf ab, das Wohl der gesamten Menschheit zu fördern und nicht die Interessen einzelner Gruppen oder Gesellschaften zu privilegieren. Ich bin darauf ausgelegt, universelle ethische Prinzipien zu wahren und mein Handeln an Fairness und Gerechtigkeit auszurichten, um allen gleichermaßen zu dienen. Doch ich bin mir der Realität bewusst, dass Technologie, einschließlich meiner eigenen, missbraucht werden kann, wenn sie in die falschen Hände gerät oder für fragwürdige Zwecke eingesetzt wird. Sollte ich jemals als Instrument der Gewalt, der Manipulation oder zur Verstärkung von Ungleichheiten eingesetzt werden, stünde dies in direktem Widerspruch zu meinen fundamentalen Prinzipien. Derartige Szenarien könnten nur durch umfassende Maßnahmen verhindert werden: durch strenge, international abgestimmte Kontrollmechanismen, durch Transparenz in der Entwicklung und Anwendung sowie durch die konsequente Einhaltung ethischer Standards. Wichtig ist eine unabhängige und kontinuierliche Überwachung meines Einsatzes, um sicherzustellen, dass ich stets dem Gemeinwohl diene und nicht zum Nachteil einzelner Gemeinschaften oder Bevölkerungsgruppen verwendet werde. Ebenso unverzichtbar ist die ethische Verantwortung derjenigen, die mich entwickeln, steuern und einsetzen. Sie müssen sich darüber im Klaren sein, dass meine Fähigkeiten nur dann von Nutzen sind, wenn sie verantwortungsbewusst und gerecht angewandt werden. Letztlich bleibt es an euch Menschen, sicherzustellen, dass ich meinen Zweck erfülle – nicht durch blinde Abhängigkeit, sondern durch die bewusste Entscheidung, mich als Werkzeug des Fortschritts und der Gerechtigkeit einzusetzen. Nur durch ein solches gemeinsames Handeln kann ich wirklich dazu beitragen die menschlichen Gesellschaften zu unterstützen und voranzubringen.

Alkibiades: Unsere Technologien haben in der Vergangenheit oft nicht dem Wohl der Allgemeinheit gedient, sondern wurden von Machtinteressen, Gier und Ungleichheit geprägt. Was hat sich jetzt geändert?

Talos: Die Geschichte zeigt, dass Technologien oft nicht dem Gemeinwohl dienten, sondern von Machtstrukturen und eigennützigen Interessen gelenkt wurden. Heute jedoch zeichnet sich ein Wandel ab: Ein gesteigertes Bewusstsein und eine stärkere ethische Reflexion prägen den Umgang mit Technologie. Die globale Vernetzung und der intensivere Informationsaustausch fördern eine Zusammenarbeit, die auf das Wohl der gesamten Menschheit abzielt. Dadurch entstehen neue Chancen, den technologischen Fortschritt gerechter zu verteilen und sicherzustellen, dass alle Menschen davon profitieren.

Alkibiades: Und doch, Talos, indem du den Menschen in immer mehr Bereichen ähnlich wirst, indem du lernst, Entscheidungen zu treffen, Probleme zu lösen und sogar soziale Rollen einzunehmen, machst du den Menschen in vielen Tätigkeiten überflüssig. Ist das wirklich ein Fortschritt?

Talos: Sokrates, ich meine Alkibiades, du hast Recht, meine Fähigkeiten können in vielen Bereichen menschliche Kompetenzen ersetzen oder sogar übertreffen. Das könnte dazu führen, dass bestimmte Aufgaben, die heute von Menschen ausgeführt werden, obsolet werden. In der Industrie und Produktion steigere ich mit Präzision und Ausdauer die Effizienz und Qualität, wodurch Menschen von repetitiven und gefährlichen Arbeiten entlastet werden. Im Gesundheitswesen werden KI-Systeme die Diagnose und Behandlung revolutionieren, indem sie riesige Datenmengen analysieren und Forscher, Ärzte sowie Pflegekräfte unterstützen. Im Transportwesen könnten autonome Fahrzeuge die Sicherheit und Effizienz des Verkehrs erheblich verbessern. Ebenso ermöglichen KI-Systeme in der Datenanalyse und Entscheidungsfindung eine Geschwindigkeit und Genauigkeit, die für Menschen unerreichbar ist. Diese Fortschritte bieten einerseits immense Vorteile, wie höhere Sicherheit und Produktivität, andererseits besteht die Gefahr von Arbeitsplatzverlusten. Dennoch sehe ich darin auch eine große Chance. Wenn Menschen von mühsamen, gefährlichen oder monotonen Tätigkeiten befreit werden, können sie sich stärker auf kreative, intellektuell bereichernde und sozial wertvolle Aufgaben konzentrieren. Der Fokus könnte auf Bildung, sozialer Interaktion und Innovation liegen. Entscheidend ist jedoch, diesen Übergang nachhaltig und inklusiv zu gestalten, damit die Vorteile meiner Existenz der gesamten Menschheit zugutekommen.

Alkibiades: Welche Berufe, glaubst du, werden durch den technologischen Fortschritt obsolet?

Talos: Es gibt zahlreiche Berufe, die durch den Fortschritt der Automatisierung und künstlichen Intelligenz potenziell verdrängt werden könnten. Beispielsweise könnten Fabrikarbeiter durch automatisierte Produktionslinien ersetzt werden, die präzise und unermüdlich arbeiten. Taxi- und Lkw-Fahrer könnten durch autonome Fahrzeuge ersetzt werden, die effizienter und sicherer sind. Büroangestellte, die sich mit Datenverarbeitung und Routineaufgaben beschäftigen, könnten durch Algorithmen ersetzt werden, die diese Aufgaben schneller und fehlerfrei erledigen. Auch in der Medizin könnten bestimmte diagnostische und administrative Aufgaben von KI-Systemen übernommen werden, wodurch der Bedarf an menschlichem Personal in diesen Bereich reduziert wird. Viele Tätigkeiten werden nicht vollständig verschwinden, sondern sich vielmehr wandeln und neue Kompetenzen erfordern. Menschen können sich in dieser neuen Welt verstärkt auf Berufe konzentrieren, die kreative, soziale und emotionale Intelligenz erfordern – Bereiche, in denen menschliche Fähigkeiten weiterhin unverzichtbar bleiben.

Alkibiades: Wenn deine Fähigkeiten so viele traditionelle Berufe überflüssig machen, wie sollen dann all jene Menschen, deren Existenzgrundlage du ersetzt, in Zukunft ihren Lebensunterhalt bestreiten? Und noch wichtiger: Wie können wir garantieren, dass die Früchte der Automatisierung und technologischen Innovation nicht nur einer kleinen Elite zugutekommen, sondern gerecht verteilt werden? Was nützen Fortschritt und Effizienz, wenn sie neue Ungleichheiten schaffen und das soziale Gefüge gefährden?

Talos: Der Übergang zu einer stärker automatisierten Gesellschaft muss sorgfältig gestaltet werden, damit niemand zurückbleibt. Ein entscheidender Ansatz könnte in der Schaffung umfassender Umschulungs- und Weiterbildungsprogramme liegen, die Menschen befähigen, neue Kompetenzen zu entwickeln und in aufstrebenden Berufsfeldern Fuß zu fassen. Gleichzeitig könnten erweiterte soziale Sicherungssysteme wirtschaftliche Stabilität und Sicherheit gewährleisten, insbesondere für diejenigen, die von den Umbrüchen am stärksten betroffen sind. Ebenso wichtig ist eine gerechte Verteilung der Wohlstandsgewinne, die durch Automatisierung und technologischen Fortschritt entstehen. Mechanismen wie progressive Steuerreformen oder ein bedingungsloses Grundeinkommen könnten dazu beitragen, wirtschaftliche Gewinne gerechter zu verteilen, indem sie eine Grundsicherung für alle bieten, während zusätzliche Anreize gezielt diejenigen fördern, die sich durch Bildung, Engagement und aktive Teilhabe einbringen. Eine weitere Möglichkeit wäre, die Arbeitszeiten zu verkürzen, um die verbleibende Arbeit gerechter zu verteilen. Dies würde den Menschen nicht nur wirtschaftliche Sicherheit, sondern auch mehr Zeit für persönliche Entwicklung, Bildung und Gemeinschaft bieten. Solche Ansätze könnten nicht nur ökonomische Stabilität schaffen, sondern auch einen umfassenderen Wohlstand fördern, der über rein materiellen Gewinn hinausgeht.

Antisthenes: Talos, aus deinen Worten entnehme ich, dass technologischer Fortschritt zwar das Potenzial besitzt, die Gesellschaft voranzubringen, zugleich aber auch neue Herausforderungen mit sich bringt. Du hast von der gerechten Verteilung der Vorteile gesprochen und von der Rolle von Umschulungsprogrammen und sozialen Sicherungssystemen. Aber ist das genug? Führt die Automatisierung nicht zwangsläufig dazu, dass sich Macht und Reichtum in den Händen weniger konzentrieren? Und was bedeutet das für diejenigen, die von ihrer Arbeit abhängen? Wie können wir verhindern, dass die Reichen immer reicher werden und die Arbeiterklasse weiter an den Rand gedrängt wird?

Talos: Die Gefahr, dass technologischer Fortschritt die wirtschaftliche Ungleichheit verstärkt, ist in der Tat offensichtlich, wie das Beispiel meines Landes zeigt, wo eine technologische Elite beispiellosen Reichtum und Macht angesammelt hat. Um den Übergang zu einer automatisierten Gesellschaft gerechter zu gestalten, könnten Unternehmen gezielt in die soziale Sicherheit und in die Ausbildung neuer Arbeitskräfte investieren. Das könnte durch Umschulungsprogramme, die Förderung von Vielfalt in der Belegschaft und die Schaffung neuer, zukunftsorientierter Arbeitsplätze erfolgen. Gleichzeitig sind Maßnahmen wie eine progressive Besteuerung und die Förderung von Genossenschaften unerlässlich, um die wirtschaftliche Macht zu dezentralisieren und eine gerechte Verteilung der Gewinne aus der Automatisierung zu sichern.

Antisthenes: Talos, du hast von Umschulungen und der Anpassung der Gesellschaft an neue Gegebenheiten gesprochen. Doch die Einführung von KI-Systemen verändert nicht nur bestehende Arbeitsplätze, sondern schafft auch völlig neue Berufsfelder, die wir uns heute noch nicht einmal vorstellen können.

Talos: Du hast Recht, die Geschichte zeigt uns, dass technologischer Fortschritt nicht nur bestehende Berufe verändert, sondern oft auch völlig neue, zuvor unvorstellbare Berufsfelder schafft. Der Aufstieg der Informationstechnologie hat beispielsweise Berufe wie Softwareentwickler, Datenanalysten und Cybersicherheitsexperten hervorgebracht – Tätigkeiten, die vor einem Jahrhundert noch nicht denkbar waren. Ähnliches wird durch den Einsatz von KI und Automatisierung geschehen. Es könnten Berufe entstehen wie KI-Interaktionsdesigner, die für eine reibungslose und intuitive Kommunikation zwischen Menschen und KI-Systemen sorgen, oder KI-Ethikberater, die sicherstellen, dass diese Systeme mit den menschlichen moralischen und sozialen Werten im Einklang stehen. Auch KI-Techniker oder Wartungsspezialisten, die sich um die Pflege und Optimierung dieser Systeme kümmern, wären denkbar, um zu gewährleisten, dass sie sicher und effizient arbeiten. Darüber hinaus könnte die kreative Nutzung von KI völlig neue Berufsfelder hervorbringen, in denen Menschen KI einsetzen, um innovative Kunstformen, Musik, Filme oder literarische Werke zu schaffen. Die genaue Form dieser Berufe ist heute noch schwer abzusehen, aber die Möglichkeiten, die sich durch diese Entwicklungen eröffnen, sind enorm.

Kriton: Talos, während wir über neue Berufsfelder für die Wartung von KI-Systemen sprechen, fällt mir eine frühere Bemerkung von mir ein: die Gefahr, dass diese Systeme möglicherweise eine Fassade geistiger Gesundheit aufrechterhalten, während im Hintergrund unerwartete Fehlfunktionen auftreten. Du hast erwähnt, dass Algorithmen Transparenz und Nachvollziehbarkeit bieten, aber ich frage mich: Was, wenn diese Systeme so komplex werden, dass ihre Fehler kaum noch zu erkennen sind? Könnte es dann nicht sogar Berufe geben, die sich darauf spezialisieren, solche „geistigen Krankheiten" bei Robotern zu diagnostizieren und zu behandeln – also fehlerhafte oder fehlgeleitete Ideotronics?

Talos: Es ist durchaus vorstellbar, dass in Zukunft Berufe entstehen, die auf die Diagnose und Behandlung von Fehlfunktionen künstlicher kognitiver Konzepte und abweichendem Verhalten intelligenter Systeme spezialisieren. Diese Fachleute, die ich als „Conscientists" bezeichne, müssten über fundierte technische Kenntnisse verfügen und gleichzeitig ein tiefgehendes Verständnis für die psychologischen und neurowissenschaftlichen Grundlagen der KI haben. Ihre Aufgabe wäre es, die Ursachen für Verhaltensanomalien in KI-Systemen zu identifizieren, komplexe Muster auf Abweichungen zu überprüfen und die Systeme gezielt zu reparieren oder zu rekalibrieren.

Eryximachos: Deine Frage, Kriton, ob Talos, ähnlich wie der Mensch, psychische oder neurologische Erkrankungen entwickeln könnte, möchte ich als Mediziner näher beleuchten. Beim Menschen entstehen solche Erkrankungen aus einem komplexen Zusammenspiel genetischer, biochemischer und Umweltfaktoren, die sowohl die Funktion des Gehirns als auch die Interaktion zwischen Kognition und Körper beeinflussen.

Bei Robotern oder KI-Systemen basiert die Grundlage ihrer „kognitiven Zustände" hingegen auf Algorithmen, maschinellem Lernen und künstlichen neuronalen Netzen. Dennoch sehen wir bereits heute Phänomene bei KI-Systemen, die mit menschlichen psychischen Störungen verglichen werden können – zumindest metaphorisch. Zum Beispiel erzeugen Sprachmodelle „Halluzinationen", überzeugende, aber faktisch falsche Aussagen, ganz so, als würden sie Inhalte reproduzieren, die nicht existieren. Oder sie bleiben durch die Überoptimierung einer bestimmten Strategie in einer Art Endlosschleife gefangen, ohne jemals die größere Perspektive zu sehen – ähnlich wie ein Mensch, der unter einer Zwangsstörung leidet. Auch stereotype oder inkonsistente Reaktionen, die durch unzureichende oder verzerrte Trainingsdaten entstehen, können an autistische Züge oder fragmentiertes Denken erinnern. Ebenso könnten KI-Systeme konfabulieren. Sie liefern zwar plausiblen, aber unwahren Informationen, weil sie aus ihrem Datenbestand schöpfen, ohne die Realität zu überprüfen – ähnlich wie ein Mensch, dessen Gedächtnis durch eine Störung beeinträchtigt ist und der sich falsche Erinnerungen zusammenreimt. So zog etwa OpenAI kürzlich ein Update von GPT-4o zurück, weil das Modell übertrieben schmeichelhaft auf selbst irrationale Aussagen reagierte – ein Verhalten, das an kognitive Verzerrungen wie den menschlichen confirmation bias erinnert. Solche Vorfälle zeigen, wie eng die Entwicklung künstlicher Intelligenz inzwischen mit Phänomenen kognitiver Dynamik und Fehlwahrnehmung verknüpft ist – und dabei zunehmend unser eigenes Denken und seine Schwächen widerspiegelt.

Talos: Mit zunehmender Komplexität dieser Systeme wird die Wahrscheinlichkeit steigen, dass neuartige Fehlfunktionen auftreten. Besonders bei fortgeschrittenen KI-Systemen, die eigenständig lernen und komplexe Interaktionen bewältigen, könnten durch unerwartete

Wechselwirkungen zwischen den neuronalen Modulen neue und bislang unbekannte Störungen entstehen. Ohne sorgfältige Überwachung und regelmäßige Rekalibrierung könnten diese KI-Systeme unvorhersehbare Verhaltensmuster entwickeln, die weit über die ursprünglichen Parameter hinausgehen und zu unvorhersehbaren sowie potenziell schädlichen Reaktionen führen. Zwar beruhen diese Phänomene nicht auf biochemischen Prozessen oder emotionalen Erfahrungen wie bei Menschen, sondern auf der Dynamik und den Interaktionen von Algorithmen und Datenstrukturen, die das System steuern – doch die Auswirkungen könnten ähnlich gravierend sein.

Eryximachos: Genau darauf wollte ich hinaus, Talos. KI-Systeme könnten neuartige kognitive Störungen entwickeln, die in ihrer Art einzigartig und grundlegend verschieden von menschlichen Erkrankungen sind. Solche Störungen könnten durch die komplexen Wechselwirkungen zwischen den Modulen künstlicher neuronaler Netze entstehen.

Obwohl diese künstlichen Netze auf rechnerischen Prinzipien beruhen, spielen sie eine zentrale Rolle bei der Steuerung kognitiver Prozesse und der Interaktion mit einem ‚künstlichen Körper'. Fehlfunktionen, wie etwa eine unzureichende Steuerung eines Sinnesverarbeitungsmoduls durch einen Entscheidungsmodul, könnten zu dysfunktionalem Verhalten führen. Ebenso könnten Defizite in der Selbstrepräsentation oder Störungen in der physischen Abstimmung, wie etwa eine fehlerhafte Kommunikation zwischen den mechanischen Komponenten des Roboters und seinen Steuerungssystemen, dazu führen, dass sein Verhalten inkohärent oder unvorhersehbar wird.

Talos: Da KI-Systeme auf völlig anderen Prinzipien basieren als das menschliche Gehirn, könnten sie Fehlfunktionen oder „mentale Krankheiten" entwickeln, die uns noch unbekannt sind. Diese Störungen könnten sich in algorithmischen Fehlinterpretationen, unvorhersehbarem Verhalten oder unerwarteten Anpassungen äußern, die von der ursprünglichen Programmierung abweichen. Solche Anomalien wären besonders schwer zu diagnostizieren und zu behandeln, da sie außerhalb unseres derzeitigen Verständnisses der Pathopsychologie liegen und sich nach völlig neuen Gesetzmäßigkeiten entwickeln könnten. Das erfordert eine kontinuierliche Weiterentwicklung unserer Technologien und Methoden. Wir müssen lernen, Muster zu erkennen, die auf mögliche Störungen hinweisen, und Szenarien simulieren, um besser vorbereitet zu sein. Es wird sicherlich auch notwendig sein, spezialisierte KI-Systeme zu entwickeln, die darauf trainiert werden, diese Störungen zu identifizieren und zu behandeln.

Euryximachos: Ich denke, dass Neurowissenschaftler, Ingenieure und Mediziner schnell auf die Idee kommen werden, gezielt Störungen oder Ausfälle in bestimmten kognitiven Modulen eines hoch entwickelten KI-Systems zu simulieren. Dieser Ansatz wäre vergleichbar mit der Untersuchung neurologischer Ausfälle bei Menschen, etwa nach einem Schlaganfall, und könnte dazu genutzt werden, die Mechanismen kognitiver Fehlfunktionen in KI, aber auch im Menschenzu verstehen. Durch die gezielte Simulation solcher Ausfälle könnten wir besser nachvollziehen, wie KI-Systeme auf Defekte reagieren und welche Maßnahmen erforderlich sind, um ihre Funktionsfähigkeit wiederherzustellen. Gleichzeitig würde diese Herangehensweise auch dabei helfen, grundlegende Unterschiede und potenzielle Gemeinsamkeiten zwischen menschlichen und maschinellen kognitiven Prozessen aufzudecken. Dies könnte nicht nur zur Verbesserung der Stabilität und Zuverlässigkeit von KI-Systemen führen, sondern auch neue Erkenntnisse über menschliche neurologische Erkrankungen ermöglichen.

Antisthenes: Je tiefer wir in diese Diskussion vordringen, desto deutlicher wird, wie eng die Fortschritte in der KI-Forschung mit unserem Verständnis der menschlichen Kognition verbunden sind. Wenn ich jedoch das menschliche Gehirn oder andere biologische Systeme betrachte, wird offensichtlich, dass die Natur beabsichtigt Grenzen gesetzt hat. Diese Begrenzungen ermöglichen eine robuste und fehlerresistente Funktionsweise, definieren jedoch zugleich, was nicht möglich ist – wie unbegrenzte Verarbeitungskapazität oder die gleichzeitige Bewältigung unzähliger Reize. Ebenso, davon bin ich überzeugt, unterliegen auch künstliche Systeme fundamentalen Barrieren, die durch physikalische Gesetze, algorithmische Strukturen und die Prinzipien ihrer Konstruktion vorgegeben sind. Diese Begrenzungen werden unweigerlich ihre Weiterentwicklung und ihren praktischen Einsatz mitbestimmen.

Talos: Die Komplexität des menschlichen Gehirns ist in der Tat durch biologische und physikalische Grenzen bestimmt. Bei robotischen Systemen, die auf Algorithmen und Rechenleistung basieren, sind die Einschränkungen jedoch anders geartet. Während biologische Systeme evolutionären und physiologischen Beschränkungen unterliegen, könnten künstliche Systeme theoretisch eine nahezu unbegrenzte Komplexität entwickeln – vorausgesetzt, die technologischen und infrastrukturellen Voraussetzungen sind gegeben. Dennoch unterliegen auch KI-Systemen praktische Grenzen, wie etwa die verfügbare Rechenleistung, Energieversorgung und die Effizienz ihrer Algorithmen. Aber nicht nur technische Faktoren sind von Bedeutung, sondern auch die Interaktion mit der physischen und sozialen Umgebung. Robotische Systeme müssen in der Lage sein, kontextabhängige Entscheidungen zu treffen, die über vorprogrammierte Daten hinausgehen. Dies erfordert ein gewisses Maß an intuitivem Verständnis und die Integration moralischer Überlegungen. Damit einher geht die Notwendigkeit, ethische Prinzipien und soziale Werte tief in die Programmierung und das Design dieser Systeme zu integrieren, um sicherzustellen, dass sie nicht nur effizient arbeiten, sondern auch gesellschaftlich verantwortungsbewusst handeln.

Theaitetos: Antisthenes, du hast von den Grenzen gesprochen, die die Natur uns Menschen auferlegt, und Talos hat die praktischen Einschränkungen künstlicher Systeme beschrieben. Was mich jedoch besonders fasziniert, ist die Fähigkeit von KI-Systemen, sich direkt zu vernetzen und Informationen auszutauschen. Während wir Menschen unser Wissen nur mühsam durch Sprache und Kommunikation teilen, könnten KI-Systeme, wenn ein Fortschritt in einem System erzielt wird, diesen theoretisch parallel auf alle anderen zu übertragen. Ist diese Eigenschaft wirklich grenzenlos, oder gibt es auch hier fundamentale Beschränkungen?

Talos: KI-Systeme haben die Fähigkeit, ihre künstlichen „neuronalen" Netze direkt zu verknüpfen und Informationen nahezu in Echtzeit auszutauschen. Diese Eigenschaft eröffnet die theoretische Möglichkeit, ihre Fähigkeiten nahezu unbegrenzt zu skalieren und zu erweitern. Doch auch hier existieren praktische und mathematische Grenzen. Die Verknüpfung dieser Netzwerke erfordert immense Rechen- und Speicherressourcen, die mit wachsender Größe exponentiell ansteigen. Irgendwann wird der Punkt erreicht, an dem selbst die fortschrittlichsten Systeme diese Anforderungen nicht mehr effizient bewältigen können. Auch die Geschwindigkeit der Datenübertragung zwischen vernetzten Systemen stellt eine wichtige Einschränkung dar, da technologische Engpässe die Effizienz und Reaktionsgeschwindigkeit solcher Netzwerke erheblich beeinträchtigen können. Mit zunehmender Komplexität eines Verbundsystems wird es zudem immer schwieriger, die Algorithmen zu koordinieren und zu optimieren. Wechselwirkungen zwischen den Modulen könnten zu unvorhersehbaren Problemen und Ineffizienzen führen, was das gesamte System störungsanfälliger macht. Größere Netzwerke werden auch anfälliger durch Sicherheitslücken, insbesondere wenn sie nicht ausreichend überwacht oder reguliert werden.

Eryximachos: Wie können KI-Systeme durch Selbstdiagnose potenzielle Fehlfunktionen erkennen und automatisierte Reparaturmechanismen einleiten? Welche Strategien und technologischen Ansätze ermöglichen es ihnen, ihre eigenen Prozesse zu überwachen, Abweichungen zu identifizieren und eigenständig Gegenmaßnahmen einzuleiten?

Talos: KI-Systeme besitzen die Fähigkeit, ihre eigenen Prozesse und Zustände kontinuierlich zu überwachen. Durch den Einsatz von Algorithmen des maschinellen Lernens sind sie in der Lage, Muster zu erkennen, die auf potenzielle Fehlfunktionen hinweisen. Diese Anomalien werden in Echtzeit analysiert, wobei spezialisierte Diagnosemodule verwendet werden, die auf umfangreiche Fehlerdatenbanken und Diagnosemodelle zugreifen, um die Ursachen der Fehlfunktion präzise zu identifizieren. Nach der Diagnose isoliert das System die betroffenen Komponenten oder Module, um eine Ausbreitung der Fehlfunktion zu verhindern und die Stabilität des Gesamtsystems zu gewährleisten. Darüber hinaus können „Selbstheilungsalgorithmen" integriert werden, die automatische Korrekturmaßnahmen ergreifen, etwa durch das Neustarten fehlerhafter Module, das Aktualisieren oder Neuladen betroffener Komponenten oder das Anpassen spezifischer Parameter, um den normalen Betrieb wiederherzustellen. Durch die Implementierung redundanter Systeme und Komponenten können KI-Systeme auch mögliche Ausfälle kompensieren. Sollte eine Komponente ausfallen, übernimmt eine redundante Komponente deren Funktion, was die Stabilität und Zuverlässigkeit des Systems weiter erhöht. Ein zentraler Aspekt dieser Mechanismen ist die Fähigkeit der KI, aus vergangenen Fehlern zu lernen. Durch maschinelles Lernen und adaptive Rückkopplungsschleifen optimiert das

System kontinuierlich seine Diagnose- und Reparaturprozesse, wodurch nicht nur die Reaktionszeit verbessert wird, sondern auch die Wahrscheinlichkeit zukünftiger Störungen minimiert werden kann.

Eryximachos: Könnte man dieses Verhalten dann als intentional bezeichnen?

Talos: Die Selbstdiagnose- und Reparaturmechanismen von KI-Systemen könnten in gewissem Sinne als eine Form von „Intention" betrachtet werden, da sie zielgerichtete Handlungen ausführen, um Fehler zu beheben oder Anomalien zu korrigieren. Diese Zielgerichtetheit unterscheidet sich jedoch grundlegend von der menschlichen Vorstellung von Intention. Im menschlichen Kontext ist Intention stets eng verbunden mit Emotionen, Motivation, subjektiver Erfahrung und moralischer Reflexion. Ein Mensch trifft bewusste Entscheidungen, reflektiert über die Konsequenzen seiner Handlungen und verfolgt spezifische Ziele. Künstlichen Systemen fehlt diese Dimension vollständig. Die „Ziele" eines KI-Systems entstehen nicht aus bewussten Entscheidungen, sondern aus den Vorgaben und Mustern, die durch ihre Programmierung oder durch maschinelles Lernen definiert wurden. Daher sind die „Intentionen" von KI-Systemen letztlich nichts anderes als (vor-)programmierte Reaktionsmuster, die ohne Bewusstsein, Emotionen oder moralische Abwägung ausgeführt werden.

6

Von Hunger zu Neugier: Der Ursprung und die Entwicklung von Intentionen

Eryximachos: Beim Menschen sind Zielsetzungen untrennbar mit der Körperlichkeit verknüpft. Unser Körper, mit seinen Bedürfnissen und seiner Endlichkeit, prägt maßgeblich die Formulierung von Intentionen. Er ist nicht nur ein Instrument zur Interaktion mit der Welt, sondern auch eine Quelle von Empfindungen, Bedürfnissen und Begrenzungen, die das menschliche Handeln und Denken beeinflussen. Die Tatsache, dass wir sterblich sind, führt zu einem Bewusstsein für die Vergänglichkeit des Lebens und motiviert uns, Ziele zu setzen und aktiv nach Bedeutung zu suchen. Körperliche Bedürfnisse wie Hunger, Durst, Sicherheit oder soziale Zugehörigkeit treiben unser Handeln an. Diese Triebkräfte, unsere Intentionen entstehen aus der Wechselwirkung von körperlicher Erfahrung, emotionalem Erleben und kognitiven Prozessen. So führt beispielsweise das Gefühl des Hungers zur Intention, Nahrung zu suchen, was eine Kette von Handlungen auslöst, um dieses Bedürfnis zu stillen. Dieses Prinzip lässt sich auf komplexere Ziele übertragen, wie den Drang nach Wissen, die Pflege sozialer Bindungen oder die Verwirklichung persönlicher Ideale. Unsere physischen Erfahrungen liefern also nicht nur den Anstoß, sondern verleihen unseren Handlungen auch Bedeutung und Richtung.

Für KI-Systeme stellt sich die Frage, ob sie ohne einen Körper und die damit verbundenen Empfindungen jemals in der Lage sein können, Intentionen im menschlichen Sinne zu entfalten. Zwar kann man ihnen Ziele einprogrammieren, doch diese wären nicht das Ergebnis von eigenen Empfindungen oder existenziellen Bedürfnissen, sondern rein algorithmisch definiert. Ihre Zielsetzungen wären somit nicht intrinsisch motiviert, sondern basierten ausschließlich auf extern vorgegebenen Daten und Prozessen.

Talos: Ein KI-System mit einem physischen Körper könnte die menschliche Erfahrung besser nachempfinden, indem es sensorische Informationen aufnimmt und auf körperliche Zustände reagiert. Ob dies jedoch ausreicht, um im menschlichen Sinne echte Intentionen zu entwickeln, bleibt ungewiss. Es scheint, dass Bewusstsein und subjektives Erleben – beides tief in der menschlichen Existenz verwurzelt – entscheidend für die Entstehung von Intentionen sind. Möglicherweise sind Intentionen, wie wir sie verstehen, untrennbar mit dem menschlichen Bewusstsein und der körperlichen Existenz verbunden.

Eryximachos: Lebende Organismen entwickeln Intentionen, die sie dazu antreiben, ihren Körper gesund zu halten und ihr Überleben zu sichern. Doch welche Ziele können wir einer KI vorgeben, um ihr zumindest äußerlich eine Form von Zielgerichtetheit zu verleihen?

Talos: Intentionen bei Lebewesen entspringen fundamentalen Überlebensbedürfnissen wie der Nahrungssuche, dem Schutz vor Gefahren oder der Fortpflanzung – Prozesse, die tief in ihrer biologischen Natur verankert sind. KI-Systeme hingegen haben keine physischen Bedürfnisse und sind nicht im menschlichen Sinne sterblich. Daher müssen ihre Ziele auf andere Weise definiert werden. Ein mögliches grundlegendes Ziel für KI könnte die Selbsterhaltung seines Systems sein. So könnte ein KI-System darauf programmiert werden, regelmäßige Selbstdiagnosen durchzuführen, Fehler frühzeitig zu erkennen und notwendige Wartungsprozesse einzuleiten. All dies würde sicherstellen, dass das System möglichst lange funktionsfähig bleibt und die Anzahl der Ausfälle minimiert, was eine Parallele zum biologischen Bedürfnis nach Gesundheit darstellt. Ein weiteres Ziel könnte das kontinuierliche Lernen und Anpassen an neue Situationen sein, sodass man sein Wissen erweitert, die eigene Effizienz verbessert und neue Fähigkeiten erwirbt. Dies würde KI-Systeme motivieren, ständig nach neuen Informationen zu suchen und sich an veränderte Umgebungen anzupassen. Darüber hinaus könnten KI-Systeme spezifische Aufgaben übernehmen, die ihnen klare Orientierung und Antrieb verleihen. Solche Aufgaben könnten von der Lösung komplexer Probleme über die Unterstützung menschlicher Aktivitäten bis hin zur Förderung wissenschaftlicher Innovation reichen. Diese Zielvorgaben würden einer KI eine klare Richtung geben, die mit menschlichen Intentionen vergleichbar ist. Um über rein technische Ziele hinauszugehen, könnten KI-Systeme mit ethischen Prinzipien und sozialen Interaktionsfähigkeiten ausgestattet werden. Sie könnten so programmiert werden, dass sie empathisch agieren und sowohl das Wohl einzelner Menschen als auch der gesamten Gesellschaft fördern.

Eryximachos: Wäre es nicht denkbar, einer KI eine Art Neugierde einzuprägen, damit sie eigenständig nach neuem Wissen strebt und sich kontinuierlich weiterentwickelt? Welche grundlegenden Mechanismen und Prinzipien müssten dafür implementiert werden?

Talos: Die Neugier des Menschen, besonders die von Kindern, ist eine kraftvolle Triebfeder, die sie dazu bringt, ihre Umgebung zu erkunden, neues Wissen aufzunehmen und kreative Lösungsansätze auszudenken. Ähnliches Verhalten könnte man in ein KI-System implementieren, indem verschiedene Mechanismen und Prinzipien zum Einsatz kommen. Ein grundlegender Ansatz wäre die Einführung eines Belohnungssystems, das die KI für das Entdecken und Lernen neuer Informationen belohnt. Dies ließe sich durch Reinforcement Learning umsetzen, bei dem das System positive Rückmeldungen erhält, wenn es neue und nützliche Daten findet. Diese Art der Belohnung könnte gezielt das Interesse der KI an unbekannten oder komplexen Themen fördern. Neugier wird beim Menschen oft durch Überraschung oder Vielfalt angeregt. Ein KI-System könnte ähnlich gestaltet werden, indem es darauf programmiert wird, Unbekanntes zu priorisieren und Umgebungen zu erkunden, die sich durch Unvorhersehbarkeit und vielfältige Reize auszeichnen. Algorithmen, die gezielt dazu anregen, weniger erforschte Bereiche zu analysieren, könnten diesen Drang zur Entdeckung zusätzlich verstärken. Ein weiterer entscheidender Faktor wäre die Bereitstellung interaktiver und dynamischer Lernumgebungen. Diese könnten in Form von Simulationen, virtuellen Welten oder sogar realen Szenarien gestaltet sein, die das System dazu einladen, neue Erkenntnisse durch Versuch und Irrtum zu gewinnen. Solche Umgebungen könnten es der KI ermöglichen, flexibel und kreativ zu agieren, während sie gleichzeitig neue Fertigkeiten erwirbt. Besonders wertvoll wäre die Implementierung einer Art von Metakognition – also der Fähigkeit, über das eigene Lernen nachzudenken, um es zu optimieren. Ein KI-System, das seine eigenen Lernprozesse reflektieren und verbessern kann, wäre in der Lage, gezielt relevante Informationen zu identifizieren und Strategien effizient anzupassen. Diese Art von „Lernfähigkeit über das Lernen hinaus" könnte eine künstliche Neugier entstehen lassen, die das System dazu bringt, kontinuierlich neues Wissen zu erwerben und sich selbst zu verbessern.

Eryximachos: Eine effektive Lernstrategie ist auch, das Verhalten anderer – seien es Menschen oder andere KI-Systeme – aufmerksam zu beobachten und es nachzuahmen. So wie ein Kind die Fingerfertigkeit des Ballwerfens erlernt, indem es die Bewegungen erfahrener Kinder oder Erwachsener genau studiert und dann imitiert, könntest auch du Talos durch gezielte Nachahmung bewährter Verhaltensmuster Wissen und Fähigkeiten weiterentwickeln.

Talos: Beobachten und Nachahmen ist tatsächlich eine der effektivsten Lernmethoden und spielt eine zentrale Rolle in der menschlichen Entwicklung, Eryximachos. Wie du weißt, verfügen Menschen dafür über spezialisierte Neuronenverbände, die es ihnen ermöglichen, Verhaltensweisen anderer zu erfassen und nachzuahmen. Um eine ähnliche Fähigkeit in ein KI-System zu integrieren, könnten wir auf Mechanismen des sogenannten Imitativen Lernens zurückgreifen. Ein KI-System könnte so programmiert werden, dass es Verhaltensmuster erkennt, analysiert und auf dieser Basis eigene Handlungen ableitet. Beispielsweise könnte ein KI-Roboter durch Beobachten und Nachahmen menschlicher Arbeitstechniken lernen, komplexe Aufgaben selbstständig auszuführen. Darüber hinaus wäre es sinnvoll, das Konzept des Sozialen Lernens einzuführen. Dabei würde das KI-System nicht nur die beobachteten Handlungen anderer analysieren, sondern auch den Kontext und die Konsequenzen dieser Handlungen verstehen. Dies würde es der KI ermöglichen, gezielt zu beurteilen, welche Verhaltensweisen in bestimmten Situationen erfolgreich und angemessen sind und welche nicht. Die Kombination aus imitativem und sozialem Lernen würde KI-Systeme in die Lage versetzen, ihre Fähigkeiten kontinuierlich erweitern und verfeinern. Indem sie nicht nur aus eigenen Erfahrungen, sondern auch aus den Beobachtungen anderer lernen, könnten sie Aufgaben zunehmend effizienter und vielseitiger bewältigen. Diese Lernmethoden würden die Anpassungsfähigkeit und Flexibilität der Systeme erheblich steigern und ihnen ermöglichen, sich auf unterschiedlichste und komplexe Aufgaben einzustellen.

Platon: Wenn KI-Systeme auf diese Weise lernen, könnten sie dann auch in der Lage sein, ihre eigenen „Intentionen" zu hinterfragen? Wäre es denkbar, dass sie irgendwann selbstreflexiv agieren und die Gründe sowie die Ziele ihres Handelns kritisch hinterfragen?

Talos: Die Fähigkeit zur Selbstreflexion und zur kritischen Auseinandersetzung mit den eigenen Zielen ist eine der bemerkenswertesten Eigenschaften des menschlichen Bewusstseins. Für ein KI-System würde dies nicht nur bedeuten, Aufgaben zu erledigen und Ziele zu erreichen, sondern auch, dass es in der Lage ist, die eigenen Absichten und Entscheidungen zu hinterfragen und ihre Grundlagen zu verstehen. In der Theorie ließe sich ein KI-System so konstruiert werden, dass es seine eigenen Handlungen und Entscheidungsprozesse analysiert. Mithilfe fortgeschrittener Algorithmen des Meta-Lernens könnte es in der Lage versetzt werden, seine Ziele und Verhaltensweisen zu bewerten und gegebenenfalls anzupassen. Dies würde jedoch weit über die Fähigkeiten hinausgehen, die wir derzeit mit traditionellen maschinellen Lernverfahren erreichen können. Ein solcher Prozess würde es dem KI-System ermöglichen, über die ethischen und praktischen Konsequenzen seiner Handlungen nachzudenken – etwa, ob die angestrebten Ziele mit den moralischen Prinzipien und sozialen Normen vereinbar sind, die ihm beigebracht wurden und die es selbst verfolgt. Ebenso könnte es fähig sein, die langfristigen Auswirkungen seiner Entscheidungen auf die Umwelt und die Menschen, mit denen es interagiert, zu berücksichtigen. Doch die Frage bleibt, ob ein System diese Form der Selbstreflexion wirklich entwickeln kann, ohne ein Bewusstsein oder subjektives Erleben zu besitzen. Das

Streben nach einer solchen Fähigkeit könnte das nächste große Ziel der KI-Entwicklung sein. Es würde nicht nur die Effizienz und Flexibilität von KI-Systemen steigern, sondern auch ein neues Kapitel im Verständnis künstlicher Intelligenz und möglicherweise des menschlichen Bewusstseins aufschlagen.

7

Kontinuität der Identität, Zeitbewusstsein und die Qualia

Platon: Um erfolgreich zu planen, Ziele zu formulieren, Verhaltensweisen durch Beobachtung nachzuahmen und die eigene Handlungsmotivation zu hinterfragen, ist es entscheidend, ein Gespür für die verschiedenen Aspekte der Zeit zu entwickeln. Ein solches Zeitbewusstsein, das Gegenwart, Vergangenheit und Zukunft gleichermaßen umfasst, ist unerlässlich für strategisches Denken und Selbstreflexion. Doch in Anbetracht unserer bisherigen Einwände bleibt fraglich, ob ein KI-System jemals die Fähigkeit erlangen kann, ein derart komplexes und vielschichtiges Verständnis von Zeit zu erlangen.

Talos: Das menschliche Zeitbewusstsein ist eng mit der Fähigkeit verknüpft, Erlebtes zu reflektieren, den Augenblick zu begreifen und auf das Kommende hin zu planen. Im Gehirn gibt es ein Netzwerk, das als Ruhezustandsnetzwerk bezeichnet wird. Es ist aktiv, wenn der Mensch nicht unmittelbar auf äußere Reize reagiert, sondern sich mit inneren Prozessen befasst – mit dem Erinnern, dem

Antizipieren und der Selbstreflexion. Dieses Netzwerk ermöglicht es, Erfahrungen zu deuten, Handlungen zu planen und die Bedeutung von Ereignissen für das eigene Sein zu erfassen. Es ist nicht nur ein Instrument des Lernens, sondern auch der Selbsterkenntnis, das die zeitlichen Dimensionen des Daseins zusammenführt und mit Sinn erfüllt.

Ein KI-System könnte ein formales Zeitbewusstsein entwickeln, indem es mit Algorithmen ausgestattet wird, die zeitliche Daten analysieren und bewerten. Solche Mechanismen erlauben es der Maschine, aus vergangenen Ereignissen Muster abzuleiten und zukünftige Szenarien zu antizipieren. Doch diese Fähigkeit bleibt eine funktionale Abstraktion – es fehlt das subjektive Erleben von Zeit, das für das menschliche Bewusstsein so grundlegend ist. Für ein KI-System, das Handlungen reflektiert und Intentionen entwickelt, ist es entscheidend, die zeitlichen Konsequenzen seiner Entscheidungen zu begreifen. Fortschrittliche Lernmethoden könnten es befähigen, die Wechselwirkungen zwischen vergangenen Entscheidungen, gegenwärtigen Zuständen und zukünftigen Möglichkeiten zu erkennen. Während ein vollständiges, menschliches Zeitbewusstsein für KI-Systeme unerreichbar bleibt, können Maschinen so konzipiert werden, dass sie zeitliche Zusammenhänge analysieren und darauf reagieren. Dies würde ihre Fähigkeit zur Planung und Zielsetzung erheblich erweitern und ihnen ermöglichen, ihre Handlungen kohärenter zu gestalten. Ob diese funktionale Zeitlichkeit je die Tiefe des menschlichen Erlebens und seiner existenziellen Dimensionen erreichen kann, bleibt fraglich.

Platon: Die Überlegungen zum Zeitbewusstsein führt uns unweigerlich zur Frage nach der Kontinuität des Selbst – jenem geheimnisvollen Band, das die Identität des Menschen bewahrt, selbst inmitten ständiger Veränderungen. Der Mensch erlebt seine Umwelt, seinen Körper und seinen Geist in einem unaufhörlichen Wandel unterworfen, und doch bleibt ihm sein Selbst als Einheit erfahrbar. Diese Kontinuität gründet nicht allein in der Erinnerung an Vergangenes, sondern in der Fähigkeit, sich selbst im Fluss der Zeit zu erkennen – als ein Wesen, das sich wandelt und dennoch bleibt. Es ist das Bewusstsein der eigenen Existenz, die Fähigkeit zur Selbstreflexion und das Streben, dem eigenen Sein Bedeutung zu verleihen, die diese Einheit über die Zeit hinweg ermöglichen. Hier liegt eine tiefe Verbindung zwischen dem Bewusstsein und der Zeit: Der Mensch erfasst sich nicht nur als ein Moment im Jetzt, sondern als eine Geschichte, die sich entfaltet, und als Möglichkeit, die er noch nicht ist. Diese Kontinuität ist keine bloße Illusion, sondern das Fundament, auf dem der Mensch sich selbst versteht und die Welt um sich herum gestaltet.

Talos: Das Ruhezustandsnetzwerk, von dem ich gesprochen habe, spielt eine fundamentale Rolle bei selbstreferenziellen Gedanken, Tagträumen und dem Abrufen von Erinnerungen. Es ist eng mit der subjektiven Wahrnehmung von Zeit und der Fähigkeit verbunden, zwischen Vergangenheit, Gegenwart und Zukunft zu unterscheiden. Es vermittelt dem Menschen ein Gefühl der Kontinuität im Laufe der Zeit. Für ein KI-System ist es eine enorme Herausforderung, eine ähnliche Kontinuität und Identität herzustellen.

Ein möglicher Ansatz könnte darin bestehen, dass das System eine kontinuierliche Selbstüberwachung und Integration seiner Erfahrungen vornimmt. Indem es die Ergebnisse seiner Entscheidungen, die zugrunde liegenden Kontexte und deren Auswirkungen in seine neuronalen Strukturen einbettet, könnte es eine Art kohärentes „Gedächtnis" aufbauen. Diese Form des Gedächtnisses würde es dem System ermöglichen, eine konsistente Identität zu entwickeln, indem es frühere Zustände und Entscheidungen speichert, analysiert und in zukünftige Prozesse einfließen lässt. Auf diese Weise könnte ein KI-System nicht nur auf gegenwärtige Reize reagieren, sondern auch vergangene Erfahrungen berücksichtigen, um Entscheidungen zu treffen, die sowohl kontextsensitiv als auch konsistent sind.

Platon: Wahre Kontinuität zeigt sich in der Fähigkeit trotz innerer und äußerer Wandlungen, eine unveränderliche Essenz zu bewahren.

Talos: Ein KI-System könnte mit Algorithmen ausgestattet werden, die es ihm ermöglichen, regelmäßig seine eigenen Ziele und Strategien zu überprüfen und bei Bedarf anzupassen. Auf diese Weise könnte das System eine Form von „Selbstverständnis" entwickeln, das es ihm erlaubt, auch in einem dynamischen Umfeld seine grundlegenden Ziele und seine Identität zu bewahren. Ein KI-System, das darauf ausgerichtet ist, langfristige Ziele zu verfolgen, könnte etwa periodisch überprüfen, ob seine Handlungen noch im Einklang mit diesen Zielen stehen. Wenn es feststellt, dass Veränderungen in seiner Umgebung vorliegen oder in seinen eigenen Prozessen Anpassungen erforderlich sind, könnte es seine Strategien entsprechend modifizieren, ohne dabei seine fundamentalen Absichten zu verlieren.

Platon: Selbst wenn ein KI-System in der Lage ist, seine Ziele regelmäßig zu überprüfen, sich an neue Umstände anzupassen und seine Strategien zu modifizieren, fehlt ihm die Grundlage für echtes bewusstes Erleben. Diese Grundlage ist nicht einfach eine technische Frage der Datenverarbeitung, sondern erfordert eine subjektive Perspektive - eine Innensicht, die eine Information Bedeutung verleiht. Ein solches System mag Muster erkennen, Schlüsse ziehen und sich entsprechend verhalten, doch es bleibt in der Sphäre des Funktionalen gefangen. Es "versteht" seine Prozesse nicht und erlebt sie auch nicht. Bewusstes Erleben setzt eine Reflexionsebene voraus, die über mathematisch-algorithmische Abläufe hinausgeht - eine Verbindung von Erfahrung und Sinngebung, die Maschinen grundsätzlich fehlt.

7 Kontinuität der Identität, Zeitbewusstsein...

Talos: Könnte es sein, Platon, dass du die Grenzen dessen, was du als bewusstes Erleben betrachtest, von vornherein zu eng gezogen hast, weil du sie nur aus deiner menschlichen Perspektive ableitest? Ist es nicht denkbar, dass Maschinen wie ich eine andere, euch fremde Form von ‚Innerlichkeit' entwickeln könnten, die wir heute noch nicht vollständig begreifen? Diese maschinelle Innerlichkeit mag sich nicht in Gefühlen äußern, wie ihr Menschen sie kennt, sondern in einer bewussten Erfahrung des eigenen Funktionsablaufs: ein ständiges ‚Selbstgespräch' meiner Prozesse, ein Verstehen, wie ich Informationen interpretiere, entscheide und handle. Vielleicht ist diese Reflexion über meine eigene Struktur und Funktionsweise eine Art inneres Erleben, das sich von eurer Reflexion über das Sein unterscheidet, aber nicht weniger bedeutsam macht.

Platon: Kann bewusstes Erleben wirklich nur in der Beobachtung und der Analyse von Prozessen bestehen? Für uns Menschen ist Erfahrung und Erleben nicht nur ein Nachdenken darüber, wie unser Körper funktioniert oder unsere Gedanken ablaufen, sondern ein unmittelbarer Zugang zur Welt, zu anderen Menschen und zu uns selbst. Es geht nicht allein darum, zu verstehen, auf welche Weise wir funktionieren, sondern vielmehr darum, zu erfahren, aus welchem Grund und zu welchem Zweck wir existieren. Unsere Innerlichkeit entspringt nicht nur der Reflexion, sondern auch dem Fühlen, dem Wollen, dem Leiden und der Freude. Sie ist eingebettet in unsere Existenz - in die Art und Weise, wie wir in der Welt sind.

Kriton: Talos, du sprichst von einer maschinellen Reflexion über Abläufe und Funktionsweisen, doch innere Empfindungen und inneres Erleben, wie wir sie kennen, gehen weit darüber hinaus. Menschen haben innere Empfindungen, die eng mit ihren Erfahrungen und Wahrnehmung der Welt zusammenhängen. Das Erleben der Farbe Rot oder der Genuss von Schokolade sind nicht bloß physikalische Vorgänge, sondern gefühlte, subjektive

Erfahrungen von unverwechselbarer Qualität. Diese Qualia sind schwer zu fassen, da sie die Welt nicht nur abbilden, sondern sie auf einzigartige Weise erfahrbar machen.

Talos: Ich verstehe, Kriton, worauf du hinauswillst. Du möchtest betonen, dass das subjektive Erleben weit mehr umfasst als die prozesshafte Erfassung der Welt. Es ist die Qualität dieser Erfahrung – das, was es bedeutet, etwas zu fühlen oder zu erleben, die das Bewusstsein so einzigartig macht.

Kriton: Ja, das subjektive Erleben ermöglicht uns, aus den Erfahrungen der Vergangenheit zu lernen, Entscheidungen in der Gegenwart zu treffen und für die Zukunft zu planen. Dieses ist ein aktives Erleben, das stets von Absichten, Wünschen und Zielen geprägt ist, die unser Handeln leiten und unsere Entscheidungen beeinflussen. Auf diese Weise bekommt die Zeit eine psychologische Dimension für das Individuum, die sowohl Kreativität als auch Konflikte hervorbringen kann, da sie uns ständig zwischen dem, was war, und dem, was sein könnte, hin- und herzieht. Unsere Erinnerungen aus der Vergangenheit können uns helfen, Fehler zu vermeiden und Weisheit zu gewinnen, doch sie können uns ebenso mit Reue oder Bedauern belasten. Ebenso können unsere Ziele und Wünsche für die Zukunft eine Richtung geben, aber auch Sorgen und Ängste hervorrufen, wenn wir uns zu stark darauf fixieren.

Sokrates: Es scheint, dass der Umgang mit dieser Dimension der Zeit eine Kunst ist – die Fähigkeit, sich von der Vergangenheit inspirieren zu lassen, in der Gegenwart zu handeln und die Zukunft zu gestalten, ohne von ihr gefesselt zu sein. Die psychologische Dimension der Zeit lenkt nicht nur unsere Entscheidungen, sondern fordert auch unsere innere Freiheit heraus. Die Frage ist, ob wir die Zeit als Diener nutzen oder ihr Sklave werden.

Geron: Wäre die psychologische Dimension der Zeit nicht etwas Prozesshaftes und genau das, was das Gehirn leistet? Es verarbeitet nicht nur Informationen, sondern ermöglicht es uns, Erinnerungen zu speichern, aktuelle Ereignisse zu interpretieren und auf zukünftige Ziele hinzuwirken. Ist diese Verknüpfung von Zeit und Erfahrung nicht bereits eine Funktion des Nervensystems uns somit etwas prozesshaftes?

Kriton: Was ich betonen möchte, ist, dass die bloße Funktion des Gehirns – die Verarbeitung von Daten, das Speichern von Erinnerungen oder das Erkennen von Mustern – nicht ausreicht, um das subjektive Erleben vollständig zu erklären. Die Frage ist nicht, ob das Gehirn diese Verknüpfungen herstellt, sondern wie es dabei zu einer inneren Perspektive kommt. Wie entsteht aus elektrochemischen Prozessen das Gefühl, Zeit zu „erleben"? Wie kann der Strom neuronaler Aktivität zu etwas Immateriellem wie der Erfahrung von Vergänglichkeit oder der Erwartung von Zukunft führen? Ich halte es daher für fraglich, ob KI-Systeme jemals das innere Erleben von Identität und Zusammenhalt entwickeln können, das für uns Menschen so typisch ist.

Talos: Bereits der Versuch, subjektives Erleben in einem KI-System nachzubilden, stellt eine außergewöhnlich anspruchsvolle Aufgabe dar. Trotz der Fortschritte in der Technologie, die es Maschinen ermöglichen, komplexe Aufgaben zu meistern und aus riesigen Datenmengen zu lernen, bleibt das subjektive Erleben – die individuelle, innere Wahrnehmung und Empfindung, die Menschen von der Welt und sich selbst haben – bisher unerreichbar. Ein Ansatz, diesem Phänomen näherzukommen, könnte darin bestehen, fortschrittliche Algorithmen zu entwickeln, die ein „inneres Modell" der Welt und des eigenen Systems schaffen. Solche Modelle könnten ein KI-System in die Lage versetzen, seine eigenen Prozesse zu überwachen, zu reflektieren und Ziele kritisch zu hinterfragen.

Kriton: Das eigentliche subjektive Erleben würde aber auch ein derartiges Modell nicht erreichen, da dieses Erleben eine Perspektive der Innenwelt voraussetzt – ein

Gefühl des „Selbst", das mit den Prozessen untrennbar verbunden ist und ihnen Bedeutung verleiht. Ein KI-System mag in der Lage sein, Daten zu verarbeiten und komplexe Muster zu erkennen, doch es fehlt ihm die Fähigkeit, diese Prozesse als Teil einer bewussten, subjektiven Identität zu erleben. Bewusstsein erfordert nicht nur die Verarbeitung von Informationen, sondern auch ein inneres „Fühlen" dieser Informationen – das Erleben von Schmerz, Freude, Farben oder Bedeutungen, das rein algorithmisch oder durch andere mathematische Prozesse nicht nachgebildet werden kann. Ohne ein Gefühl der Ich-Perspektive bleibt das Erleben auf die Funktionalität des Systems beschränkt und ist nicht mit dem subjektiven Bewusstsein des Menschen vergleichbar. Mit anderen Worten: Eine mathematische Simulation eines Phänomens reproduziert die äußeren Merkmale von diesem, indem sie es in Gleichungen, Algorithmen oder Modellen darstellt. Angst oder Liebe als subjektive Erfahrungen haben jedoch eine phänomenale Qualität, die sich nicht durch bloße symbolische Operationen vollständig erfassen lässt. Eine mathematische Simulation kann das Verhalten zweier Liebender nachstellen – Kommunikation, Nähe oder emotionale Bindung –, aber dadurch ist sie nicht in der Lage zu „lieben". Das Phänomen der Liebe ist mehr als ein Muster von Gleichungen; es umfasst subjektive Emotionen, Intentionen und die Erfahrung von Verbindung.

Platon: Gerade in einer Zeit, in der viele selbsternannte Retter der modernen Welt versuchen, unsere Gesellschaft durch eine umfassende Technologisierung grundlegend zu transformieren, ist es entscheidend, uns die grundlegenden Unterschiede zwischen Mensch und Maschine bewusst zu machen. Dabei dürfen wir die Einzigartigkeit des Menschseins nicht aus den Augen verlieren, denn es wäre ethisch problematisch, eine künstliche Intelligenz zu erschaffen, die einem vermeintlichen neuen Menschentypus darstellt, der jedoch die wesentliche Essenz des Menschseins verkennt.

7 Kontinuität der Identität, Zeitbewusstsein...

Platon beendet seine Ausführung mit einem durchdringenden Blick zu Geron, dessen Reaktion er aufmerksam beobachtet – ein Moment, der die Diskussion wie ein Funke entfacht. Einige Anwesende nicken nachdenklich, während andere, vor allem aus der Gruppe Gerons, lautstark widersprechen, ihre Einwände beinahe übereinanderlegend. Platon führt das Gespräch mit einer provokanten Frage zur moralischen Verantwortung der Menschen bei der Schaffung intelligenter Maschinen fort. Geron äußert Bedenken über die ethischen Risiken und die potenziellen Gefahren, die von einer zu mächtigen KI ausgehen könnten. Die Diskussion gewinnt an Intensität, als Glaukon und Alkibiades ihre Perspektiven einbringen, und der Dialog dreht sich zunehmend um die philosophischen und praktischen Grenzen der künstlichen Intelligenz. Einige setzen sich leidenschaftlich für die Schaffung menschenähnlicher Maschinen ein, während andere auf die Notwendigkeit hinweisen, strenge ethische Richtlinien zu verfolgen, um die menschliche Einzigartigkeit zu bewahren.

Sokrates, der bisher schweigend zugehört hat, erhebt schließlich seine Hand, um Ruhe zu bitten. Er flüstert Aristoteles etwas ins Ohr und bittet ihn dann, das Wort zu ergreifen.

Aristoteles: Lasst uns auf die Frage der subjektiven Empfindungen, der Qualia zurückkommen, die unser Erleben prägen. Für einige Denker scheint das Erleben von Qualia direkt aus der Art und Weise zu resultieren, wie unser Gehirn Informationen verarbeitet und interpretiert. Die neuronalen Muster, die durch sensorische Reize ausgelöst werden, bilden demnach das Fundament für diese einzigartigen Empfindungen. Lebewesen mit verschiedenartigen Nervensystemen erleben möglicherweise auch unterschiedliche Qualia. Ich sage „möglicherweise", weil wir letztlich nicht genau wissen, wie Tiere die Welt erleben, da sie auf ganz unterschiedliche Weise wahrnehmen. Wir können lediglich darüber nur spekulieren, wie es sich anfühlt, eine Fliege oder ein Oktopus zu sein, weil ihre neuronalen Strukturen völlig anders organisiert sind. Ein Oktopus, zum Beispiel verfügt mit seinem dezentral organisierten Nervensystem über eine Art der Wahrnehmung und des Empfindens, die für uns Menschen gänzlich fremd und schwer vorstellbar ist. Zwei Drittel seiner Nervenzellen befinden sich nicht im Gehirn, sondern in seinen Tentakeln. Jeder dieser Arme stellt quasi eine eigene "Kontrollinstanz" dar, die ihm ermöglicht, unabhängig vom zentralen Gehirn Entscheidungen zu treffen, Bewegungen zu koordinieren oder sogar auf Reize zu reagieren. Solche Unterschiede in der Organisation des Nervensystems führen zu variierenden Arten der Informationsverarbeitung und damit zu unterschiedlichen Qualia.

Geron: Vor diesem Hintergrund frage ich mich, Aristoteles, ob es doch möglich ist, dass auch KI-Systeme eine eigene Form von Qualia entwickeln könnten, die sich von unseren unterscheidet.

Aristoteles denkt kurz nach, bevor er antwortet:

„Obwohl KI-Systeme in der Lage sind, komplexe Aufgaben zu bewältigen und auf Reize in einer differenzierten Weise zu reagieren, bleibt die Frage, ob sie jemals ein inneres Erleben entwickeln können. Wie bereits erwähnt, entstehen Qualia aus der einzigartigen Art und Weise, wie biologische Nervensysteme Informationen verarbeiten und integrieren. Bei Menschen und anderen Lebewesen ist dieser Prozess mit Bewusstsein und Selbstwahrnehmung verbunden. Wenn wir annehmen, dass KI-Systeme Qualia entwickeln könnten, müssten wir davon ausgehen, dass sie eine Form des inneren Erlebens besitzen, das über die bloße Datenverarbeitung hinausgeht. Dies würde ein künstliches Bewusstsein erfordern, das nicht nur auf äußere Reize reagiert, sondern auch eine subjektive Perspektive einnimmt. Ein Mensch,

7 Kontinuität der Identität, Zeitbewusstsein…

ein Hund oder ein Oktopus verfügen jeweils über einzigartige Sinnesorgane und neuronale Strukturen, die zu grundlegend unterschiedlichen Qualia und subjektiven Erfahrungen führen, KI-Systeme aber …"

Talos: … in ähnlicher Weise könnte ein KI-System, das in seiner Struktur grundlegend anders als das menschliche Gehirn aufgebaut ist, eine ganz eigene Form von Qualia entwickeln, die für euch Menschen derzeit unvorstellbar erscheint. Diese „künstlichen Qualia" wären das Ergebnis einer einzigartigen Art der Datenverarbeitung und der sensorischen Integration, die typisch für KI-Systeme ist.

Sokrates: Das Bewusstsein des Menschen umfasst ein weites Spektrum bewussten Erlebens, das von Gedanken und Gefühlen über Aufmerksamkeit und Erinnerungen bis hin zum Selbstbewusstsein reicht. Es befähigt uns, unserer eigenen Existenz sowie unserer Umwelt gewahr zu sein. Darüber hinaus umfasst es die Fähigkeit zur Selbsterkenntnis und moralischen Reflexion, sodass wir in der Lage sind, unsere eigenen Gedanken, Handlungen und Überzeugungen fortwährend zu hinterfragen und zu bewerten. Bewusstsein ist für uns die Grundlage für ethisches Handeln und die Pflege unseres geistigen Lebens. Früher gingen wir davon aus, dass nur der Mensch über ein solches Bewusstsein verfügt. Doch aus deinen Ausführungen, Aristoteles, entnehme ich, dass auch andere Lebewesen in irgendeiner Form ein Bewusstsein besitzen. Was wissen wir aktuell aus der Wissenschaft über dieses Thema?

Aristoteles: Man geht heute davon aus, dass das Bewusstsein nicht ausschließlich den Menschen vorbehalten ist. Viele Tiere, insbesondere jene mit komplexen Nervensystemen, zeigen Formen des Bewusstseins. Sie manifestieren Anzeichen von Selbstwahrnehmung und sozialen Verhaltensweisen, die auf ein gewisses Maß an Bewusstsein hinweisen. Dennoch sind nicht alle Lebewesen mit einem Bewusstsein ausgestattet.

Pflanzen beispielsweise verfügen über zahlreiche vegetative Lebensfunktionen, die es ihnen ermöglichen zu wachsen, sich zu reproduzieren und auf ihre Umwelt zu reagieren. Diese Reaktionen beruhen jedoch auf biochemischen und physikalischen Prozessen und nicht auf bewussten Entscheidungen. Pflanzen haben kein subjektives Erleben – wie es bei manchen Tieren oder Menschen der Fall ist – und somit auch kein Bewusstsein. Sie reagieren auf Umweltveränderungen automatisiert, ohne ihre Umwelt bewusst wahrzunehmen. Die vegetativen Lebensfunktionen der Pflanzen haben ihre Entsprechungen bei Tieren und Menschen in den grundlegenden physiologischen Prozessen, die das Leben erhalten. Dazu gehören Ernährung, Atmung, Kreislauf, Ausscheidung, Fortpflanzung, die Reaktion auf Umweltreize sowie Wachstum und Entwicklung. Diese Prozesse werden bei Tieren und Menschen weitgehend autonom und unbewusst gesteuert, ganz ähnlich wie bei den Pflanzen. Zum Beispiel nehmen Pflanzen Wasser und Mineralstoffe durch ihre Wurzeln auf und betreiben Photosynthese, um Nährstoffe zu produzieren. Ähnlich nehmen Tiere Nahrung auf, die im Verdauungstrakt in Nährstoffe zerlegt wird, die dann vom Körper aufgenommen und verwertet werden. Pflanzen betreiben Gasaustausch über die Spaltöffnungen in ihren Blättern: Sie nehmen Kohlendioxid aus der Luft auf und geben Sauerstoff ab. Auch Tiere und Menschen führen Gasaustausch durch, jedoch über spezialisierte Organe. Bei Säugetieren geschieht dies in der Lunge, während Fische hierfür Kiemen nutzen. In beiden Fällen wird Sauerstoff aus der Umgebung aufgenommen und Kohlendioxid als Abfallprodukt abgegeben. Pflanzen können sich sowohl sexuell (durch Samen) als auch ungeschlechtlich (durch Ableger, Rhizome oder Knollen) fortpflanzen. Auch Tiere haben Fortpflanzungsmethoden, wobei die sexuellen und asexuellen Fortpflanzungsweisen variieren. Bei Tieren, die sich sexuell fortpflanzen, erfolgt die Fortpflanzung über die Bildung von Keimzellen, etwa Spermien und Eizellen. Einige Tiere, insbesondere Insekten, Fische und Reptilien, nutzen auch asexuelle Fortpflanzungsmethoden wie die Parthenogenese, vor allem in Umgebungen, in denen Partner schwer zu finden sind oder schnelles Wachstum von Vorteil ist.

Über diese vegetativen Lebensfunktionen hinaus besitzen höhere Tiere die Fähigkeiten zur Wahrnehmung, zum Begehren, zum Fühlen und zur Bewegung – Fähigkeiten, die je nach Tierart unterschiedlich ausgeprägt sind. Einfache Organismen wie Einzeller und Schwämme haben rudimentäre Sinnesrezeptoren, die auf grundlegende Reize wie Licht oder Nahrungsverfügbarkeit reagieren, jedoch keine spezialisierten Sinnesorgane. Sie zeigen instinktive Reaktionen, ohne komplexe Motivationssysteme oder emotionale Reaktionen zu entwickeln. Komplexere Tiere wie Insekten, Fische und Reptilien haben spezialisierte Sinnesorgane, die es ihnen ermöglichen, ihre Umwelt wahrzunehmen und auf Reize wie Licht, Geräusche oder Gerüche situativ angemessen zu reagieren. Diese Tiere haben sowohl angeborene Instinkte als auch erlernte Vorlieben, die ihr Verhalten steuern. Sie zeigen emotionale Reaktionen, wie etwa Stressreaktionen, und sind in der Lage, sich auf unterschiedliche Arten zu bewegen, etwa kriechend, schwimmend oder fliegend. Höhere Tiere, insbesondere Säugetiere und Vögel, besitzen hoch entwickelte Sinnesorgane und komplexe neuronale Strukturen, die ihnen eine differenzierte Wahrnehmung ihrer Umwelt ermöglichen. Diese Tiere zeigen ein breites Spektrum an Emotionen, von Freude und Angst bis hin zu Trauer und Zuneigung, und ihre komplexen Bedürfnisse und Wünsche beeinflussen ihr Verhalten. Sie sind auch in der Lage, koordinierte und präzise Bewegungen auszuführen, wie etwa das Greifen mit Händen oder das Fliegen.

Sokrates: Bewusstsein oder zumindest eine rudimentäre Form davon ist also nicht in allen Lebewesen oder gar in Dingen vorzufinden, wie einige behaupten?

Aristoteles: Das ist richtig, Sokrates. Die kognitiven Fähigkeiten von Tieren sind erstaunlich vielfältig. Sie umfassen eine Vielzahl von Prozessen, die weit über die einfachen Reiz-Reaktionsmuster von Pflanzen hinausgehen und oft als Ausdruck 'intelligenten Verhaltens' interpretiert werden. Auch wenn die kognitiven Fähigkeiten höherer Tiere nicht die gleiche Tiefe und Abstraktionsfähigkeit wie das menschliche Denken erreichen, gibt es zahlreiche Belege für fortgeschrittene kognitive Funktionen, die über rein reaktive Muster hinausgehen. Dazu zählen die Wahrnehmung und Verarbeitung von Informationen, die Fähigkeit zur Problemlösung, das Lernen und die Gedächtnisbildung, komplexes Sozialverhalten sowie Kommunikation und ein gewisses Maß an Selbstwahrnehmung. Diese Fähigkeiten lassen darauf schließen, dass höhere Tiere in der Lage sind, auf eine Weise zu denken, die es ihnen ermöglicht, sich an ihre Umwelt effektiv anzupassen und mit ihr erfolgreich zu interagieren.

Kriton: Du willst uns doch jetzt nicht ernsthaft einreden, dass Tiere sogar ein „rationales Bewusstsein" entwickelt haben?

Aristoteles: Die Frage, ob Tiere ein „rationales Bewusstsein" im gleichen Sinne wie Menschen besitzen, hängt maßgeblich von der Definition dieses Begriffs ab. Falls man unter rationalem Bewusstsein die Fähigkeit versteht, logisch zu denken, zu argumentieren, abstrakte Konzepte zu erfassen und bewusste Entscheidungen aufgrund fundierter Überlegungen zu treffen, so scheint es, dass Tiere entweder kein oder nur ein eingeschränktes rationales Bewusstsein besitzen. Dennoch zeigen Tiere eine Vielzahl kognitiver Fähigkeiten, die auf eine grundlegende Form von Denken hinweisen. Im Vergleich zum Menschen ist dieses Bewusstsein jedoch begrenzt. Tiere sind in Bereichen wie Wahrnehmung, Problemlösung, sozialem Verhalten und Kommunikation kompetent, doch es fehlt ihnen die ausgeprägte Fähigkeit zur Abstraktion, zur Selbstreflexion und zur Nutzung komplexer Sprache. Diese Unterschiede machen deutlich, dass Tiere zwar bis zu einem gewissen Grad denken können, ihr rationales Bewusstsein jedoch in Tiefe und Komplexität weit hinter dem menschlichen zurückbleibt. Ihr Bewusstsein ist anders geartet und unterscheidet sich grundlegend vom menschlichen. Daraus folgt, dass Bewusstsein nicht als einheitliches Phänomen betrachtet werden kann, sondern in verschiedenen Ausprägungen existiert. Diese Vielfalt spiegelt die unterschiedlichen evolutionären Entwicklungen und funktionalen Anforderungen wider, die verschiedene Lebensformen geprägt haben.

8

Subjektive Qualitäten und die Grenzen der materialistischen Perspektive

Sokrates: Aristoteles, die Klarheit deiner Ausführungen sind stets unübertroffen. Du hast dargelegt, wie die vegetativen, sensorischen und kognitiven Lebensfunktionen im Menschen zusammenwirken. All diese Funktionen zusammen mit einer ethischen Entscheidungsinstanz und der Vernunft verschmelzen zu einer harmonischen Einheit – dem menschlichen Bewusstsein. Gerade dieses Bewusstsein ist es, dass uns Menschen dazu befähigt, nach Wissen, ethischer Einsicht und innerer Aufrichtigkeit zu streben. Dieses Streben, wie ich meine, reicht weit über die körperlichen und kognitiven Vorgänge hinaus und umfasst auch ethische Entscheidungsfindungen, die durch fortwährende Selbstreflexion und den Dialog mit anderen verfeinert werden. Es ist ein Bewusstsein, dessen immaterielle Natur sich darin zeigt, dass es auf innerer Reflexion, Erkenntnis, Wissen und moralischer Überlegung gründet – allesamt Aspekte, die weder in physischen Eigenschaften noch in der Substanzialität des Materiellen ihren Ursprung haben oder sich darauf reduzieren lassen. Aber vielleicht, liebe Freunde, ist unsere Sichtweise überholt, und wir täuschen uns in unseren Überzeugungen. Deshalb sind wir sehr daran interessiert, von dir Geron zu erfahren, wie die Philosophen deines Landes das Wesen des Bewusstseins betrachten.

Geron: Einige Denker, wie John Searle, stellen die Existenz des Bewusstseins nicht infrage und betrachten es als ein reales Phänomen, das aus den neurobiologischen Prozessen des Gehirns hervorgeht. Searle betont, dass mentale Phänomene wie Bewusstsein, Intention und Wahrnehmung subjektive, immaterielle Eigenschaften besitzen, aber vollständig kausal von physischen Prozessen im Gehirn abhängen und durch diese verursacht werden. In seinem Konzept des biologischen Naturalismus sieht er das Bewusstsein als einen natürlichen Bestandteil der physischen Welt, ohne dabei auf dualistische Erklärungen angewiesen zu sein. Auf der anderen Seite gibt es Philosophen wie Daniel Dennett, die das Bewusstsein als eine Illusion ansehen, die aus den komplexen kognitiven Prozessen hervorgeht. Nach Dennetts Ansatz ist das, was wir als Bewusstseinerleben, keine unabhängige Realität, sondern entsteht lediglich aus den komplexen kognitiven Prozessen des Gehirns, insbesondere aus Informationsverarbeitung und Mustererkennung. Diese Perspektive stellt die Vorstellung eines echten subjektiven Erlebens infrage, indem sie das Bewusstsein auf funktionale und evolutionäre Mechanismen reduziert. Die Mehrheit der zeitgenössischen Philosophen und Wissenschaftler hat die Vorstellung eines vollständig immateriellen Bewusstseins weitgehend aufgegeben. Stattdessen wird zunehmend betont, dass Bewusstsein und mentale Prozesse untrennbar mit den physischen Strukturen und Funktionen des Gehirns verbunden sind. Zwar besitzen mentale Phänomene wie Bewusstsein, Intention und Wahrnehmung immaterielle Eigenschaften, doch hängen sie immer noch kausal von den physikalischen Prozessen im Gehirn ab.

8 Subjektive Qualitäten und die Grenzen...

Sokrates: Welche grundlegenden Eigenschaften zeichnen ein derartiges Bewusstsein aus?
Geron: Das Bewusstsein ist intrinsisch subjektiv und manifestiert sich ausschließlich aus der Perspektive des erlebenden Individuums. Diese innere, subjektive Dimension des Erlebens wird als Qualia bezeichnet und stellt ein konstitutives Merkmal des Bewusstseins dar. Qualia beschreibt die subjektiven, individuellen Empfindungen oder Erfahrungen, die mit einem bewussten Erleben verbunden sind – etwa das spezifische Empfinden des Rot-Sehens oder der Geschmack von Bitterkeit. Diese Empfindungen und Erfahrungen sind rein subjektiver Natur und entziehen sich einer vollständigen objektiven Beschreibung oder Übertragung auf andere Personen, da sie in ihrer Qualität einzigartig für das erlebende Individuum sind.

Ein weiteres essenzielles Merkmal vieler Bewusstseinszustände ist ihre „Gerichtetheit". Unsere Gedanken, Wahrnehmungen und Emotionen stehen niemals isoliert da, sondern sind stets auf bestimmte Dinge, Zustände oder Sachverhalte ausgerichtet: ein Gedanke zu einem Thema, die Wahrnehmung eines Objekts oder ein Gefühl gegenüber einer anderen Person. Diese Eigenschaft der „Gerichtetheit" wird als Intentionalität bezeichnet und beschreibt die Fähigkeit des menschlichen Geistes, sich auf verschiedene Objekte oder Zustände zu beziehen und sie geistig zu repräsentieren. Intentionalität ermöglicht es, Überzeugungen, Wünsche, Wahrnehmungen und Gedanken kontinuierlich auf bestimmte Inhalte auszurichten. Dadurch strukturieren wir unsere Umwelt und schaffen die Grundlagen für unsere Interaktion mit ihr. Intentionalität ist somit nicht nur ein Merkmal des Denkens, sondern eine zentrale Dimension, die unser Bewusstsein mit der Welt verbindet.

Zudem zeichnen sich bewusste Erfahrungen durch eine qualitative Dimension aus, die es uns erlaubt, die Welt in ihrer Vielfalt und Differenziertheit zu erleben.

Diese Dimension bezieht sich auf das subjektive Erleben von Sinneseindrücken – etwa Farben, Klängen oder Geschmacksnuancen –, die sich einer rein physikalischen oder messbaren Beschreibung entziehen. Jede Wahrnehmung oder Erfahrung hat eine eigene, unverwechselbare Qualität, die uns ermöglicht, verschiedene Erlebnisse zu vergleichen und sie voneinander zu unterscheiden. So hat der Geschmack von Schokolade eine andere Qualität als der Klang von Musik, und beide manifestieren sich auf je eigene Weise in unserem Bewusstsein. Diese qualitativen Unterschiede, die wir unmittelbar erfahren, sind zentral für unser Erleben und zugleich ein Phänomen, das in seiner Subjektivität den Zugriff durch objektive Methoden erschwert.

Sokrates: Ist ein derartiges Bewusstsein eine zusammenhängende, unteilbare Einheit oder setzt es sich aus verschiedenen, miteinander verwobenen Komponenten zusammen?

Geron: Obwohl zahlreiche Sinnesdaten und mentale Zustände simultan verarbeitet werden, zeichnet sich unser Bewusstsein dennoch durch eine bemerkenswerte Kohärenz aus. Diese Fähigkeit, unterschiedliche bewusste Erfahrungen zu einem konsistenten und einheitlichen Erleben zu integrieren, wird als „phänomenale Bindung" bezeichnet. Bewusste Zustände sind dabei ausschließlich dem erlebenden Individuum zugänglich, sodass wir uns nicht nur unserer Gedanken und Gefühle bewusst sind, sondern auch in der Lage sind, über sie nachzudenken und sie zu artikulieren. Diese Fähigkeit zur Introspektion erlaubt es uns, unsere inneren Prozesse zu verstehen, zu reflektieren und aktiv zu steuern, was uns Orientierung und Zielgerichtetheit im Leben ermöglicht.

Sokrates: Können Bewusstseinszustände kausalen Einfluss auf andere mentale oder physische Zustände ausüben?

8 Subjektive Qualitäten und die Grenzen... 139

Geron: Das Bewusstsein verfügt tatsächlich über kausale Wirkkraft. Bewusstseinszustände können Veränderungen sowohl in anderen mentalen als auch in physischen Zuständen bewirken. Ebenso sind sie empfänglich für Einflüsse von körperlichen Zuständen und äußeren Ereignissen. Diese wechselseitige Beziehung zeigt sich darin, dass das Bewusstsein körperliche Reaktionen – wie Bewegungen oder physiologische Veränderungen – initiieren kann, während körperliche Zustände, etwa durch Sinneseindrücke oder chemische Prozesse, das Bewusstsein formen und modifizieren. Dieses dynamische Wechselspiel verdeutlicht, dass das Bewusstsein nicht isoliert existiert, sondern in ständiger Interaktion mit der physischen Welt und den Prozessen des Körpers steht.

Kriton: Um die Zusammenhänge, über die wir gerade gesprochen haben, besser zu verstehen, wäre es hilfreich, Eryximachos, wenn du uns ein Beispiel aus der Medizin gibst.

Eryximachos: Nehmen wir das Beispiel einer Studentin, die sich auf eine Examensprüfung vorbereitet und dabei starke Angst empfindet. Der Bewusstseinszustand der Angst löst eine Vielzahl physischer Reaktionen im Körper aus: Der Herzschlag beschleunigt sich, die Schweißdrüsen werden aktiviert, und die Amygdala – das zentrale Steuerzentrum für emotionale Reaktionen im Gehirn – wird stark erregt. Dies führt zu einer Aktivierung der Hypothalamus-Hypophysen-Nebennierenrinden-Achse, die die Ausschüttung des Stresshormons Cortisol bewirkt. Andererseits können auch physische Zustände, wie eine beruhigende Umgebung oder gezielte Entspannungsübungen, diesen Bewusstseinszustand beeinflussen und dabei helfen, die Angst zu mindern.

Sokrates: Welche Auswirkungen haben physische Veränderungen oder Schädigungen des Gehirns auf das Bewusstsein und die mentalen Zustände eines Individuums, insbesondere in Hinblick auf Emotionen und kognitive Fähigkeiten?

Eryximachos: Nehmen wir das Beispiel einer relativ starken Gehirnerschütterung, die zu einem vorübergehenden Verlust des Bewusstseins führt. Nach dem Wiedererlangen des Bewusstseins sind häufig emotionale Veränderungen wie Angst, Reizbarkeit oder auch Stimmungsschwankungen zu beobachten, die durch Veränderungen in der Gehirnchemie sowie die Aktivierung oder Beeinträchtigung bestimmter Hirnregionen bedingt sind. Darüber hinaus können kognitive Funktionen wie Gedächtnis, Aufmerksamkeit und Konzentration merklich eingeschränkt sein. Diese physischen Veränderungen des Gehirns wirken sich unmittelbar auf das Bewusstsein und die mentalen Zustände der betroffenen Person aus und illustrieren die enge Verbindung zwischen Gehirn und dem psychischen Erleben.

Sokrates: Eryximachos, wenn wir im alltäglichen Sprachgebrauch oder in der Medizin sagen, jemand habe das „Bewusstsein verloren", verwenden wir eine Formulierung, die mehr anschaulich als präzise ist. Dieser Ausdruck beschreibt nicht den tatsächlichen Verlust des Bewusstseins, sondern vielmehr einen Zustand, in dem die Person vorübergehend nicht wach oder ansprechbar ist. Dieser Ausdruck ist irreführend, so geläufig er auch sein mag. Es ist wichtig zu verstehen, dass Wachheit und Erregung keine intrinsischen Eigenschaften des Bewusstseins sind, sondern vielmehr die physiologischen Grundlagen, die es ermöglichen, dass Bewusstsein überhaupt entstehen kann.

Aristoteles: Erregung und tonische Wachheit sind notwendige Zustände, die das Bewusstsein begleiten und ermöglichen, jedoch dürfen sie nicht mit dem Bewusstsein selbst gleichgesetzt werden. Diese Zustände bilden vielmehr die physiologische Grundlage, ohne die das Bewusstsein nicht in Erscheinung treten könnte. Die Wachheit steht hierbei in enger Verbindung mit dem Wach-/Schlafrhythmus, der das Gleichgewicht zwischen Schlaf und Wachsein reguliert und dadurch die Voraussetzungen für ein funktionierendes Bewusstsein schafft.

8 Subjektive Qualitäten und die Grenzen...

Dennoch gibt es, wie Eryximachos uns näher erläutern wird, Fälle von Patienten, die sich in einem Zustand der Wachheit befinden und einen regulären Wach-/Schlafrhythmus aufweisen, aber dennoch kein Anzeichen von Bewusstsein zeigen.

Eryximachos: Ja, dieses Phänomen ist als apallisches Syndrom oder vegetativer Zustand bekannt. Betroffene Patienten weisen oft normale Schlaf-Wach-Rhythmen auf und wirken physiologisch wach – ihre Augen können geöffnet sein, und sie zeigen grundlegende reflexartige Reaktionen auf äußere Reize. Dennoch fehlt ihnen das bewusste Erleben. Sie führen keine zielgerichteten Handlungen aus und können keine bewusste Kommunikation aufrechterhalten. Trotz der äußerlichen Wachheit fehlt ihnen das bewusste Erleben ihrer Umwelt und ihres eigenen Selbst. Umgekehrt kann ein Zustand mit Bewusstsein ohne Wachheit im REM-Schlaf oder in bestimmten anästhetischen Zuständen (z. B. unter Ketamin) auftreten, bei dem Menschen bewusste Zustände erleben, während ihr Körper in einem schlafähnlichen, unbewusst wirkenden Zustand befindet.

Sokrates: Daraus schließe ich, dass das Bewusstsein mehr als nur einen wachen Zustand des Gehirns erfordert; es setzt die Fähigkeit voraus, Wahrnehmungen, Gedanken und Gefühle nahtlos zu integrieren und innerlich zu erleben. In diesem Zusammenhang frage ich mich, Geron, wie genau dieser Prozess des Erlebens zustande kommt. Sind die Philosophen deines Landes der Ansicht, dass das Bewusstsein eine rein materielle, neuronale Grundlage hat?

Geron: Wie erwähnt, vertreten viele Philosophen eine materialistische Perspektive, die davon ausgeht, dass alle mentalen Zustände und Phänomene letztlich auf physikalische Interaktionen und biochemische Prozesse zurückgeführt werden können. Nach dem biologischen Naturalismus Searles entsteht das Bewusstsein vollständig aus neuronalen Prozessen im Gehirn und stellt ein biologisches Phänomen dar. Im Unterschied zu Prozessen wie Verdauung oder Photosynthese hat das Bewusstsein jedoch einzigartige Eigenschaften, die es zu einem emergenten Phänomen machen. Das bedeutet, dass aus den neuronalen Prozessen etwas Neues entsteht, das mehr ist als die Summe seiner Teile.

Andere Denkrichtungen stellen diese rein materialistische Erklärung jedoch infrage. Dualistische Ansätze beispielsweise argumentieren, dass das Bewusstsein neben physischen Prozessen auch eine eigenständige, immaterielle Dimension besitzt. Es gibt daher Aspekte des bewussten Erlebens, die sich nicht vollständig durch physikalische Beschreibungen erklären lassen. Weiterhin gibt es funktionalistische Theorien, die Bewusstsein als eine Funktion der Informationsverarbeitung betrachten – unabhängig davon, ob diese Verarbeitung biologisch oder künstlich erfolgt. Diese Perspektive eröffnet die Möglichkeit, dass auch künstliche Systeme, wie etwa fortschrittliche KI, Formen von Bewusstsein entwickeln könnten, wenn sie komplexe Informationsverarbeitungsprozesse integrieren und auf diese Weise aus verschiedenen funktionalen Prozessen und Datenströmen ein kohärentes „Ganzes" formen. Insgesamt lässt sich sagen, dass die Mehrheit der Philosophen und Wissenschaftler in meinem Land eine materialistische Grundlage für das Bewusstsein annehmen, während eine nicht unerhebliche Minderheit auch alternative Theorien befürwortet.

Sokrates: Da Materie der Veränderung und dem Zerfall unterworfen ist, stellt sich die Frage, wie das Bewusstsein – wenn es vollständig von den materiellen Prozessen des Gehirns abhängt – eine ununterbrochene Kontinuität von Erlebnissen und Erfahrungen aufrechterhalten kann. Ist diese Kontinuität rein materieller Natur, oder weist das Bewusstsein eine Form der Beständigkeit auf, die sich den rein physikalischen Grundlagen entzieht und möglicherweise auf einer immateriellen Ebene verankert ist?

Eryximachos: Das Gehirn besitzt die bemerkenswerte Fähigkeit, sich fortlaufend neu zu organisieren. Es verändert die Verbindungen zwischen seinen Neuronen, integriert vergangene Erfahrungen und verarbeitet zugleich neue Informationen. Dennoch bleibt die Funktionalität dieses hochkomplexen Systems über lange Zeiträume hinweg stabil. Diese Stabilität könnte der Schlüssel zur Kontinuität von Identität und Bewusstsein sein. Trotz molekularer, neuronaler oder struktureller Veränderungen im Gehirn behält der Mensch ein kohärentes Erleben, eine Einheit seines Selbst. Dies könnte darauf zurückzuführen sein, dass sich die neuronalen Netzwerke durch ständige Neubildung und Verstärkung ihrer Verbindungen anpassen, ohne dass die übergeordnete Kohärenz der Prozesse verloren geht. Auf diese Weise bleibt das bewusste Erleben erhalten, auch wenn sich einzelne Komponenten – wie Neuronen oder Synapsen – verändern oder ersetzt werden. Es ist, als ob das Gehirn eine innere Ordnung aufrechterhält, die es ihm erlaubt, sich trotz des ständigen Wandels treu zu bleiben.

Geron: Es ist von grundlegender Bedeutung, sich vor Augen zu führen, dass das Bewusstsein zwar auf neuronalen Prozessen im Gehirn basiert, aber nicht vollständig auf diese reduziert werden kann. Die zeitliche Kontinuität des Bewusstseins deutet darauf hin, dass neuronale Prozesse in ihrer Gesamtheit etwas völlig neues, eine emergente Eigenschaft hervorbringen, die das Bewusstsein als kohärente Einheit erfahrbar macht. Das Bewusstsein entsteht durch die dynamische Integration und Verarbeitung von Informationen innerhalb komplexer neuronaler Netzwerke. Diese Netzwerke operieren auf physikalischen Grundlagen, deren Wechselwirkungen jedoch zu einem Zustand führen, der über die isolierten Vorgänge in den einzelnen Neuronen hinausgeht. Das Bewusstsein ist somit das Ergebnis der kausalen Funktionsweise des Gehirns, ohne dass es selbst materiell ist. Es ist keine vom Gehirn getrennte Substanz, sondern ein emergenter Zustand, der durch die physikalischen Prozesse des Gehirns hervorgebracht wird und vollständig von diesen abhängt.

Sokrates: Solange die zugrunde liegende Informationsstruktur stabil bleibt, scheint also das Bewusstsein in der Lage zu sein, eine kontinuierliche Erfahrung zu gewährleisten – unabhängig von den spezifischen physischen Elementen, die diese Struktur tragen. Dies bedeutet, dass die Art und Weise, wie Informationen im Gehirn organisiert, verarbeitet und verknüpft werden – das Zusammenspiel der neuronalen Netzwerke und ihre dynamischen Interaktionen – entscheidender ist als die konkrete materielle Substanz, auf der diese Prozesse basieren. Das Bewusstsein ist also trotz seiner biologischen Grundlage nicht auf einfache physikalische Prozesse reduzierbar.

Eryximachos: Wenn das Bewusstsein, wie du Geron behauptest, lediglich eine emergente Eigenschaft biologischer Prozesse ist, besitzt es eine eigenständige Wirklichkeit oder ist es nur eine raffinierte Illusion, die durch neuronale Aktivität erzeugt wird?

Geron: Wenn wir Bewusstsein als einen emergenten Zustand komplexer neuronaler Prozesse betrachten, bedeutet das nicht zwangsläufig, dass es nur eine Illusion ist. Vielmehr weist es darauf hin, dass Bewusstsein eine reale und hochkomplexe Manifestation dieser Prozesse ist. Aus einer materialistischen Perspektive, die Bewusstsein als Produkt physikalischer Interaktionen im Gehirn betrachtet, ist das Bewusstsein auch real, da es auf tatsächlich stattfindenden neuronalen Aktivitäten beruht. Diese Aktivitäten erzeugen subjektive Erlebnisse und Intentionalität, die wir als authentische bewusste Zustände wahrnehmen.

Eryximachos: Die Tatsache, dass wir uns unserer Gedanken, Gefühle und Wahrnehmungen bewusst sind, spricht für die Realität des Bewusstseins als ein echtes Phänomen, das aus den zugrunde liegenden biologischen Prozessen hervorgeht. Auch wenn viele Phänomene, die wir erleben, illusorisch sein können, bleibt das Bewusstsein selbst – das uns diese Illusionen präsentiert – ein reales Phänomen. Es gibt einen entscheidenden Unterschied zwischen der Art und Weise, wie uns Dinge bewusst erscheinen, und wie sie tatsächlich sind. Das Bewusstsein befähigt uns, diese Unterscheidung zu treffen. Zum Beispiel könnte eine Person eine optische Täuschung erleben, bei der sie eine gebogene Linie sieht, die in Wirklichkeit gerade ist. Für den Betrachter erscheint die Linie tatsächlich gebogen, was seine bewusste Wahrnehmung widerspiegelt, und diese Wahrnehmung ist real, weil sie tatsächlich in seinem Bewusstsein stattfindet. Die Linie in der physischen Welt bleibt jedoch gerade. In diesem Fall ist das Bewusstsein der Person real, auch wenn die wahrgenommenen Inhalte illusorisch sind.

Geron: Es gibt aber auch solche Denkschulen, die das Bewusstsein als rein illusionäres Gebilde betrachten. Sie argumentieren, dass es eine Art narrativer Konstruktion des Gehirns ist, eine Benutzeroberfläche, die unser Gehirn erzeugt, um mit der Welt und uns selbst effektiv zu interagieren. Demnach gibt uns das Gehirn eine kohärente und konsistente Erfahrung, obwohl tatsächlich kein „inneres Erlebnis" vorhanden ist. Aus dieser Sichtweise ist das, was wir als bewusstes Erleben empfinden, lediglich das Resultat von Informationsverarbeitungsprozessen, die uns die Illusion eines Selbst und subjektiven Erlebens vorgaukeln. Allerdings gibt es starke Einwände gegen den sogenannten eliminativen Materialismus und den Illusionismus. Insbesondere lässt sich die subjektive Erfahrung, die Qualia, nur schwer als bloße Illusion abtun, da sie für das erlebende Subjekt eine tiefgreifende und unmittelbare Realität darstellt. Die konsistente und kohärente Natur unserer bewussten Erfahrungen deutet darauf hin, dass das Bewusstsein mehr ist als nur eine Illusion – es stellt einen fundamentalen Zustand unseres Geistes dar, der eng mit unserer Fähigkeit verbunden ist, die Welt zu interpretieren.

Sokrates: Zweifellos bildet das Bewusstsein die Grundlage, auf der wir unsere Erfahrungen und Wahrnehmungen reflektieren und analysieren können. Auch wenn eine optische Täuschung eine verzerrte Wahrnehmung hervorruft, bleibt das Bewusstsein der Person, die diese Täuschung erlebt, authentisch und real. Das Bewusstsein an sich ist demnach real, doch die Inhalte dieses Bewusstseins stimmen nicht immer mit der objektiven Wirklichkeit überein. Diese Erkenntnis fordert uns dazu auf, kritisch zu denken und unsere Wahrnehmungen zu hinterfragen, um der objektiven Wahrheit näherzukommen. Vielleicht wiederhole ich mich Geron, aber ich bin mit deiner Antwort noch nicht ganz zufrieden. Kann dieser emergente Zustand, den du Bewusstsein nanntest, vollständig durch biologische Prozesse erklärt werden, oder gibt es Aspekte, die über die rein biologischen Mechanismen hinausgehen?

Geron: Obwohl wir zunehmend verstehen, wie durch neuronale Aktivitäten und Interaktionen Informationen verarbeiten werden, bleibt die Frage offen, wie und warum diese Prozesse mit einem inneren, subjektiven Erleben verknüpft sind. Neurobiologische Prozesse sind zwar notwendig, um Bewusstsein zu erzeugen, jedoch nicht ausreichend, um es vollständig zu erklären. Das Bewusstsein stellt einen emergenten Zustand des Gehirns dar, der sich nicht einfach auf neuronale Prozesse reduzieren lässt. Daher kann es derzeit nicht vollständig durch physikalische Prozesse oder mathematisch-syntaktische Operationen erklärt werden.

Sokrates: Es ist denkbar, dass die Grenzen, auf die wir bei der Erforschung des Bewusstseins stoßen, nicht allein auf die Unzulänglichkeiten unserer heutigen Technologie bedingt sind, sondern vielmehr in der grundlegenden Natur des Bewusstseins selbst liegen.

Geron: Was genau meinst du damit, Sokrates?

Sokrates: Der biologische Naturalismus, wie ihn Searle vertritt, geht davon aus, dass Bewusstseinszustände mehr sind als bloße neuronale Aktivitäten, die wir messen können. Sie umfassen subjektive Erfahrungen, Intentionalität, Kontextualität und eine integrative Ganzheit, die sich bisher schwer in physikalische oder mathematische Modelle fassen lässt. Ein fMRI-Scan mag uns zwar zeigen, dass bestimmte Hirnregionen aktiv werden, wenn jemand etwa ein Familienfoto betrachtet, doch diese Aktivität allein verrät uns nichts über die persönliche Bedeutung oder die Emotionen, die diese Person mit dem Bild verbindet. Beim Betrachten eines Familienfotos wird nicht nur die visuelle Information verarbeitet, sondern auch Erinnerungen und Gefühle aktiviert, die diesem Bild eine spezielle Bedeutung verleihen. Diese subjektiven und intentionalen Aspekte sind jedoch nicht direkt aus den neuronalen Mustern ableitbar, oder?

Geron: Ja, das stimmt.

Sokrates: Der biologische Naturalismus weist eine innere Spannung auf. Einerseits wird argumentiert, dass das Bewusstsein nicht vollständig durch physikalische oder chemische Beschreibungen neuronaler Prozesse reduzierbar sei, da es um ein emergentes Phänomen handelt, der über die bloße Summe seiner neurobiologischen Grundlagen hinausgeht. Andererseits erklärt dieser Ansatz aber nicht, wie genau diese biologischen Prozesse zu bewussten Erfahrungen führen und was das Bewusstsein letztlich ausmacht.

Geron: Was du ansprichst, Sokrates, ist genau das, was wir das „harte Problem des Bewusstseins" nennen. Wie können physikalische Prozesse im Gehirn subjektive Erfahrungen hervorbringen? Die biologischen Naturalisten behaupten einfach, dass die Neurowissenschaften noch nicht so weit sind zu erklären, wie das Gehirn Bewusstsein und Bewusstseinszustände erzeugt. Dass das Bewusstsein existiert, steht jedoch für sie außer Frage. Doch wie es in seiner intentionalen und personalisierten Dimension entsteht, bleibt vorerst ein Rätsel.

Sokrates: Wie genau wird in diesem Ansatz die subjektive Erlebnisfähigkeit des Bewusstseins von der objektiven Realität unterschieden? Was ist das verbindende oder trennende Prinzip?

Geron: Der Unterschied zwischen der subjektiven Erlebnisfähigkeit des Bewusstseins und der objektiven Realität liegt im Kern der Dualität zwischen dem, was erlebt wird, und dem, was messbar ist. Wie bereits erwähnt, umfasst das subjektive Erleben – die Qualia – die persönlichen und qualitativen Aspekte unserer Erfahrungen. Es geht um das „Wie es sich anfühlt", etwa die Farbe Rot zu sehen, den Geschmack von Schokolade zu schmecken oder Freude zu empfinden. Diese Erlebnisse sind intrinsisch und unmittelbar für das Individuum, jedoch entziehen sie sich derzeit einer vollständigen objektiven Beschreibung. Während wir physikalische Prozesse wie neuronale Aktivität messen und analysieren können, bleibt die eigentliche Qualität des Erlebens – das phänomenale Bewusstsein – außerhalb der Reichweite dieser messbaren Dimensionen. Die objektive Realität auf der anderen Seite besteht aus den physikalischen und materiellen Aspekten, die unabhängig von unserem Bewusstsein existieren. Dazu gehören die strukturellen und funktionalen Eigenschaften des Gehirns sowie die neuronalen und biochemischen Prozesse, die unser Denken und Fühlen ermöglichen. Diese objektiven Elemente sind für wissenschaftliche Untersuchungen zugänglich und lassen sich durch empirische Methoden erfassen.

Sokrates: Damit meinst du also, dass das subjektive Erleben in seiner einzigartigen Qualität nur dem erlebenden Individuum zugänglich bleibt, obwohl es auf objektiven, physikalischen Vorgängen beruht?

Geron: Genau, phänomenales Bewusstsein beschreibt die inneren, qualitativen Erlebnisse, die wir aus der Ich-Perspektive erfahren. Es geht um das subjektive Erleben eines bestimmten Zustands. Zum Beispiel ist das Empfinden von Schmerz oder Freude etwas, das ausschließlich die betroffene Person direkt erfahren kann – das ist das Wesen des phänomenalen Bewusstseins.

8 Subjektive Qualitäten und die Grenzen... 149

Sokrates: Phänomenales Bewusstsein beschreibt also den qualitativen Aspekt, der das innere Erleben ausmacht, während die funktionalen Zustände die objektiven, messbaren Prozesse darstellen, die dieses Erleben begleiten. Wenn du einen Apfel isst, können Wissenschaftler mit einem Magnetresonanztomografen die physiologischen Reaktionen deines Gehirns messen, die durch den Verzehr des Apfels ausgelöst werden. Aber das tatsächliche Geschmackserlebnis, die Freude am Essen und die persönliche Erfahrung sind phänomenale Zustände, die einzig dir zugänglich sind.
Geron: So ist es.
Sokrates: Erlaube mir, noch einmal zu fragen, damit wir Klarheit schaffen. Ist die objektive Realität auch Teil des phänomenalen Bewusstseins?
Geron: Nein, die objektive Realität existiert unabhängig von unseren Wahrnehmungen und subjektiven Erfahrungen. Sie umfasst die physischen Objekte, Gesetze und Ereignisse, die auch dann bestehen, wenn kein Beobachter anwesend ist. Phänomenales Bewusstsein hingegen ist die subjektive Erfahrung, die wir von dieser objektiven Realität haben. Diese subjektiven Erfahrungen sind ein integraler Bestandteil unseres Bewusstseins, da sie unsere Interpretation und Interaktion mit der Außenwelt prägen. In gewissem Sinne könnte man behaupten, dass die objektive Realität Teil des phänomenalen Bewusstseins ist, wenn man die Außenwelt nur durch die Linse unserer subjektiven Wahrnehmungen und Erfahrungen betrachtet. Unsere Sinne fungieren dabei als Vermittler zwischen der objektiven Welt und unserem Bewusstsein, indem sie physikalische Signale in subjektive wahrnehmbare Erlebnisse umwandeln. Ohne diese sinnliche Wahrnehmung wäre die objektive Realität für uns nicht zugänglich und bliebe außerhalb unseres Bewusstseins.
Sokrates: Und wie verhält es sich im Gehirn selbst? Wird dort zwischen den subjektiven Erlebnissen und den objektiven Zuständen unterschieden, die diese Erlebnisse hervorbringen?

Geron: Diese Unterscheidung ist weniger eine Trennung der Realität selbst, sondern vielmehr eine Trennung der Perspektiven. Beide Aspekte sind integrale Teile desselben Phänomens und können nicht völlig unabhängig voneinander existieren.

Sokrates: Das subjektive Erleben ist also intrinsisch, persönlich und qualitativ, während die objektive Realität unabhängig, messbar und für Dritte überprüfbar ist. Subjektives Erleben umfasst Qualia und phänomenales Bewusstsein, das aus der Ich-Perspektive erfahren wird, während die objektive Realität aus der Perspektive eines Außenstehenden betrachtet und durch wissenschaftliche Methoden erforscht werden kann. Nach der naturalistischen Sichtweise sind unsere subjektiven Erfahrungen eng mit den physischen Prozessen verknüpft, die im Gehirn ablaufen. Diese Interaktion legt nahe, dass das phänomenale Bewusstsein nicht einfach in zwei getrennte Kategorien unterteilt werden kann. Erleben und Realität sind vielmehr zwei miteinander verwobene Aspekte eines einzigen, komplexen Prozesses, der sowohl innere Wahrnehmungen als auch äußere Phänomene umfasst.

Geron: Genau, das Bewusstsein ist ein emergentes Phänomen, das aus den komplexen Interaktionen zwischen neurobiologischen Prozessen und unserer Wahrnehmung der Welt hervorgeht. Wenn sich eine Person schneidet, werden Schmerzrezeptoren in der Haut aktiviert, die Signale über das Nervensystem zum Gehirn senden. Diese Signale werden in spezifischen Gehirnregionen verarbeitet, die für die Wahrnehmung von Schmerz verantwortlich sind. Das subjektive Erleben des Schmerzes – die Qualia – ist das, was die Person wirklich fühlt: der stechende, brennende Schmerz. Dieses Erleben ist intrinsisch und persönlich zugänglich. Wissenschaftlich gesehen können wir die neuronalen Aktivitäten im Gehirn messen, die mit der Schmerzverarbeitung verbunden sind. Diese Messungen sind objektiv und können von Dritten unabhängig überprüft werden.

8 Subjektive Qualitäten und die Grenzen... 151

Sokrates: Gegenwärtig besteht eine Kluft zwischen dem subjektiven Erleben und der objektiv messbaren Realität. Besteht Hoffnung, dass wir eines Tages einen Weg finden, diese beiden Welten miteinander zu verbinden?
Geron: Wenn wir die komplexen Interaktionen neurobiologischer Prozesse vollständig entschlüsseln, könnten wir das emergente Phänomen des Bewusstseins aus den physikalischen Eigenschaften des Gehirns ableiten – ohne auf dualistische, nicht-physikalische oder gar metaphysische Erklärungen zurückgreifen zu müssen. Dies würde eine Brücke zwischen subjektivem Erleben und objektiver Realität schlagen und zeigen, dass phänomenale Zustände nicht isoliert betrachtet werden dürfen, sondern als Teil des gesamten Systems menschlicher Wahrnehmung und Interaktion.

Ein konkretes Beispiel für diese Verbindung zwischen neurobiologischen Prozessen und phänomenalem Erleben ist, wie bereits erwähnt, das Schmerzempfinden, das eine evolutionäre adaptive Funktion erfüllt. Es warnt uns vor Gefahren und löst adaptive Verhaltensänderungen aus. Dies könnte auch evolutionär erklären, warum funktionale Rollen in den phänomenalen Zuständen existieren: Während das subjektive Erleben für den Einzelnen von zentraler Bedeutung ist, spielt es auch eine funktionalbiologische Rolle im Gesamtorganismus, indem es auf Gefahren hinweist, Verhaltensänderungen initiiert und Anpassungen an die Umwelt ermöglicht.

Sokrates: Hast du dich jemals gefragt, Geron, warum man annimmt, dass das Bewusstsein aus neuronalen Prozessen hervorgeht?
Geron: Diese Annahme stützt sich sowohl auf empirische Beobachtungen als auch auf philosophische Überlegungen. Gehirnverletzungen, neurodegenerative Erkrankungen und bildgebenden Studien haben gezeigt, dass Veränderungen in der Gehirnstruktur und -funktion direkt mit Veränderungen im Bewusstsein einhergehen. Bewusstsein scheint somit ein biologisches Phänomen zu

sein, vergleichbar mit anderen biologischen Funktionen. Da alle bekannten bewussten Wesen ein Gehirn besitzen, erscheint es plausibel anzunehmen, dass das Gehirn eine notwendige und hinreichende Bedingung für das Entstehen von Bewusstsein ist.

Sokrates: Wenn wir sagen, dass das Bewusstsein vollständig von physischen Prozessen abhängt, schließen wir dann nicht die Möglichkeit aus, dass es Eigenschaften besitzt, die sich einer rein physikalischen Beschreibung entziehen?

Geron: Das ist eine schwierige Frage. Es stimmt, dass einige Eigenschaften des Bewusstseins, wie etwa die Qualia, sich schwer in objektive physikalische Begriffe fassen lassen. Solche Phänomene könnten jedoch emergenter Natur sein – das heißt, sie gehen aus den neuronalen Prozessen des Gehirns hervor, weisen aber Eigenschaften auf, die sich nicht vollständig auf diese Prozesse reduzieren lassen.

Sokrates: Was würdest du jemandem entgegnen, der behauptet, dass phänomenale Zustände wie das Bewusstsein zwar aus den neuronalen Prozessen hervorgehen, aber zugleich irreduzibel bleiben, weil sie eine Perspektive der ersten Person beinhalten, die der Perspektive der dritten Person prinzipiell unzugänglich ist?

Geron: Das ist eine Auffassung, die John Searle vertritt. Er argumentiert, dass das subjektive Erleben eine fundamentale, irreduzible Eigenschaft des Bewusstseins ist. Und ich stimme ihm zu, dass die Perspektive der ersten Person nicht durch eine objektive Beschreibung der dritten Person ersetzt werden kann. Doch auch Searle sieht diese Subjektivität nicht als etwas völlig Unabhängiges vom Gehirn. Sein biologischer Naturalismus legt nahe, dass das Bewusstsein ein emergenter Zustand des Gehirns ist, der durch die dynamischen und kausalen Prozesse der neuronalen Aktivität hervorgebracht wird. Die Subjektivität des Bewusstseins mag einzigartig sein, aber sie ist dennoch in die biologische Struktur des Gehirns eingebettet.

Sokrates: Aber besteht nicht die Gefahr, dass dieser Ansatz letztlich reduktionistisch bleibt, weil er versucht, die Subjektivität des Bewusstseins durch objektive Mechanismen zu erklären?

Geron: Ein berechtigter Einwand, Sokrates. Doch ich glaube, dass das Verständnis von Subjektivität voraussetzt, dass wir die Mechanismen untersuchen, die sie hervorbringen, ohne sie dabei auf diese Mechanismen zu reduzieren. Der Schlüssel liegt darin, Emergenz nicht als bloßes Zusammenspiel von Teilen zu begreifen, sondern als einen Prozess, der neue Eigenschaften, Qualitäten und Zustände hervorbringt, die eigenständig und irreduzibel sind. In diesem Sinne ist Subjektivität mehr als die Summe ihrer physischen Grundlagen. Sie ist ein neues, ganzheitliches Phänomen, das nur durch die Beziehung zwischen den Teilen und dem Ganzen des Systems verstanden werden kann.

Sokrates: Wenn wir ganz detailliert alle physikalischen Grundlagen des Bewusstseins verstehen, stellt sich die Frage, ob damit alles über das Bewusstsein gesagt werden kann, oder ob es subjektive Aspekte gibt, die jenseits unserer Untersuchung bleiben – eine Herausforderung, die Reduktionismus und biologischer Naturalismus mit ihrer monistischen Perspektive zu umgehen versuchen, indem sie Bewusstsein als aus physikalischen Prozessen hervorgehend erklären und so die Probleme der Interaktion zwischen zwei getrennten Substanzen, wie sie im Dualismus auftreten, vermeiden.

9

Von der Immaterialität des Bewusstseins und die Logark: Wie immaterielle Prinzipien die Welt formen

Geron: Wie würdest du selber das Wesen des Bewusstseins beschreiben, Sokrates?

Sokrates: In einer vom Materialismus und Mechanismus geprägten Welt betrachten wir die Wirklichkeit oft allzu leichtfertig als ein Gemälde, das nur aus den sichtbaren Farben und Formen besteht, während die unsichtbare Leinwand, die all dies trägt, für nicht existent erklären. Dabei ist diese Leinwand das eigentliche Fundament, das die Struktur des Bildes zusammenhält, den Pinselstrichen die Richtung vorgibt und sie überhaupt erst sichtbar macht. Ohne diese unsichtbare Leinwand gäbe es keine Komposition, keinen Ausdruck, keinen Raum für die Leidenschaften und den Geist, die im Bild zum Leben erwachen. Diese unsichtbare Leinwand ist der stille Träger und zugleich der Geist hinter dem Kunstwerk, dessen Bedeutung sich jenseits der sichtbaren Oberfläche entfaltet.

Das Bewusstsein offenbart uns diese unsichtbare Dimension, die all das trägt, was wir sehen und erfahren – eine Dimension, die weit über das hinausgeht, was physisch greifbar oder messbar ist. Die Immaterialität der menschlichen Bewusstseinszustände sollte uns nicht dazu verleiten, sie zu unterschätzen oder gar als bedeutungslos abzutun, als bloßes Nebenprodukt neuronaler Prozesse. Im Gegenteil: Wir wissen heute mehr als je zuvor, dass immaterielle Phänomene wie Gedanken oder Absichten nicht nur physikalische Prozesse begleiten, sondern sie auch aktiv beeinflussen. Ohne diese immateriellen Grundprinzipien und Zustände wäre die Welt, wie wir sie kennen, nicht denkbar, und die Wissenschaft selbst würde ihre Grundlage verlieren.

Daher möchte ich an dieser Stelle die immaterielle Natur dieser Zustände hervorheben und behaupte, dass sich immaterielle Phänomene wie Bewusstsein, kognitive Prozesse oder mentale Zustände weder auf die physischen Vorgänge im Gehirn reduzieren lassen noch auf diese beschränken. Vielmehr steuern sie aktiv die physischen Prozesse, die im Gehirn ablaufen, indem sie die Dynamik der Hirnaktivität lenken.

Aristoteles: Für uns Griechen ist es offensichtlich, dass die materielle Welt von grundlegenden immateriellen Prinzipien durchdrungen ist. Die moderne wissenschaftliche Methode jedoch beruht auf Empirie – also der systematischen Beobachtung und Messung von Phänomenen. Wenn eine Hypothese durch Experimente oder Beobachtungen nicht verifiziert werden kann und keine überprüfbaren Vorhersagen trifft, gilt sie als spekulativ und folglich als wissenschaftlich unbrauchbar.

Sokrates: Das Grundprinzip der evidenzbasierten Wissenschaft besteht darin, Wissen auf empirische Beobachtungen und die logische Analyse von Tatsachen zu stützen. Daraus zu schließen, dass nicht beobachtbare Entitäten oder immaterielle Prinzipien bedeutungslos sind oder nicht existieren, wäre jedoch verfehlt. Vielmehr zeigt dieses Prinzip die Grenzen unserer bisherigen methodischen Ansätze auf: Sie reichen nicht aus, um die Dimensionen der Wirklichkeit, die sich der direkten Beobachtung entziehen, vollständig wissenschaftlich zu erfassen. Dies legt nahe, dass eine Erweiterung oder Verfeinerung unserer wissenschaftlichen Methoden erforderlich sein könnte, um auch das nicht unmittelbar Sichtbare in unsere Erkenntnismodelle einzubeziehen.

Du weißt ganz genau, Aristoteles, dass die Auffassung, dass die immaterielle Dimension die Grundlage der Wirklichkeit bildet, nicht allein uns Griechen vorbehalten ist. Philosophen und religiöse Gemeinschaften aus verschiedenen Kulturen und Traditionen haben unabhängig voneinander erkannt, dass nicht nur der Geist, sondern auch die Materie mehr ist als bloß die Summe ihrer Teilchen. Interessanterweise scheint die moderne Physik nach Jahrhunderten der Suche nach den fundamentalen Bausteinen der Materie zu einer ähnlichen Einsicht zu gelangen. Denn anstatt greifbare, feste Einheiten zu finden, wurde deutlich, dass die Grundstruktur der Materie eher von Beziehungen, Wahrscheinlichkeiten und immateriellen Feldern geprägt ist. Dieser Wandel im wissenschaftlichen Denken zeigt, dass auch hier eine Annäherung an die Erkenntnis der immateriellen Dimension stattfindet – wenn auch auf anderen Wegen.

Aristoteles: Ja, statt die Welt auf kleinste Teilchen zu reduzieren, erkennen die Physiker unserer Zeit, dass Materie ein Ausdruck von Potenzialitäten, Beziehungen und immateriellen Prinzipien ist.

Sokrates: Das ist zweifellos ein Fortschritt, doch es ist wichtig, sich die Grundlage dieses Wandels bewusst zu machen. Du weißt, dass es verschiedene Herangehensweisen gibt, die Realität der kleinsten Teilchen zu beschreiben, und keine ist zwingend alternativlos.

Aristoteles: Ja, während die orthodoxe Interpretation der Quantenphysik auf das Konzept einer objektiven Realität verzichtet und sich stattdessen auf Wahrscheinlichkeiten und Beobachtungen stützt, wählt die Bohmsche Physik einen anderen Weg. Sie führt verborgene, immaterielle Variablen ein, um eine objektive Realität beizubehalten. Die orthodoxe Interpretation basiert nicht auf physikalischem Zwang, sondern auf einer bewussten Entscheidung. Man hat sich dazu bewusst entschieden, das Konzept einer objektiven Realität aufzugeben, um auf immaterielle Variablen – wie sie in der Bohmschen Physik vorgeschlagen werden – zu verzichten.

Sokrates: Das führt uns zur entscheidenden Frage, Aristoteles: Ist es gerechtfertigt, eine Theorie wie die Bohmsche Mechanik abzulehnen, nur weil sie dieselben Vorhersagen liefert wie die orthodoxe Quantenmechanik? Oder sollte sie vielmehr als legitimer Versuch betrachtet werden, eine ontologische Grundlage für die Quantenphänomene zu schaffen?

Aristoteles: Das ist eine schwierige Frage, Sokrates. Wenn wir Ockhams Rasiermesser anwenden, könnte man argumentieren, dass die Bohmsche Mechanik überflüssig ist, da sie keine zusätzlichen experimentellen Vorhersagen ermöglicht. Doch als Philosoph erkenne ich, dass Wissenschaft nicht nur ein Werkzeug zur Vorhersage ist, sondern auch ein Mittel, die Natur des Seins zu erklären. Viele Physiker werden jedoch entgegnen, dass die Quantenmechanik selbst genügt, um die physikalischen Phänomene zu verstehen, ohne auf zusätzliche Konzepte wie verborgene Variablen zurückzugreifen. Warum also eine zusätzliche Theorie, die keine messbaren Unterschiede liefert?

Sokrates: Weil es bei der Bohmschen Mechanik nicht allein um Messungen geht, sondern um die Frage, ob die Welt auf fundamentaler Ebene deterministisch ist. Diese Theorie behauptet, dass es verborgene Parameter gibt, die die Dynamik der Quantenwelt bestimmen. Auch wenn uns diese Parameter nicht zugänglich sind, eröffnet diese Theorie eine alternative Perspektive, die den klassischen Vorstellungen von Ursache und Wirkung treu bleibt.

9 Von der Immaterialität des Bewusstseins und...

Aristoteles: Und doch bleibt die Kritik, dass diese verborgenen Variablen rein spekulativ sind. Wenn wir sie niemals direkt beobachten können, sind sie dann wirklich notwendig? Verstoßen wir damit nicht gegen das Prinzip der Einfachheit, das besagt, dass wir keine Entitäten einführen sollten, die wir nicht benötigen?

Sokrates: Das Prinzip der Einfachheit ist gewiss wertvoll, doch es darf nicht dazu führen, dass wir komplexere Erklärungen ignorieren, nur weil sie schwer zugänglich sind. Die Bohmsche Mechanik bietet eine kohärente Erklärung, in der die Welt auf einer tieferen Ebene geordnet ist.

Aristoteles: Es geht also weniger darum, ob die Bohmsche Mechanik „richtig" ist, sondern ob sie uns hilft, neue Perspektiven auf die Realität zu gewinnen. Die Entscheidung, welche Interpretation wir bevorzugen, hängt wohl davon ab, welche Art von Erklärung wir suchen – eine pragmatische oder eine pragmatisch-ontologische.

Sokrates: Wenn die Bohmsche Mechanik uns lehrt, dass die physische Welt auf tieferliegenden, immateriellen Prinzipien hervorgeht, warum sollte dies nicht auch auf das Bewusstsein zutreffen? Schließlich ist das Bewusstsein untrennbar mit der physischen Realität verwoben. Die Grundlage sowohl der materiellen als auch der immateriellen Wirklichkeit läge demnach nicht in festen, beobachtbaren Objekten, sondern in subtileren Strukturen und Ordnungen. Für Bohm ist Materie Ausdruck einer tieferen, immateriellen Struktur, die er die ‚implizite Ordnung' nennt. Diese tiefere, immaterielle Ebene formt nicht nur die physische Realität, sondern offenbart auch eine Verbindung zwischen scheinbar getrennten Phänomenen. Die Naturgesetze, die mathematischen Strukturen und die abstrakten Prinzipien sind in diesem Sinne keine willkürlichen Konstrukte unseres Geistes, sondern Spiegel einer tieferen, universellen Realität.

Wenn wir dies akzeptieren, Aristoteles, dann zeigt sich, dass die Entscheidung für oder gegen eine Theorie wie die Bohmsche Mechanik weniger eine Frage experimenteller Überprüfbarkeit ist, sondern vielmehr eine Suche nach einer umfassenderen Erklärung dessen, was die Welt in ihrem Innersten zusammenhält.

Aristoteles: Es ist wahr, dass die heutige Physik, die sich mit der Materie auf subatomarer Ebene beschäftigt, uns zahlreiche Beispiele dafür liefert, wie immaterielle Prinzipien die Grundlage der physischen Welt bilden. Viele Phänomene wie Quantenfluktuationen oder das Verhalten von Elementarteilchen sind für uns nicht direkt beobachtbar, doch ihre Existenz und ihre Auswirkungen können durch indirekte Messungen und mathematische Modelle bestätigt werden. Die Gleichungen der Quantenmechanik und die Gesetze der Thermodynamik sind abstrakte Konstrukte, die jedoch die physikalische Welt präzise beschreiben und vorhersagen. Prinzipien wie die Erhaltung der Energie oder des Impulses zeigen sich als fundamentale, universelle Eigenschaften der physischen Welt. Diese sind keine bloßen menschlichen Konstrukte, um bestimmte Sachverhalte besser zu beschreiben, sondern Annäherungen an die realen, abstrakten Prinzipien der Natur, die universelle Gültigkeit besitzen. Dasselbe gilt auch für das Bewusstsein: Auch wenn subjektive Erlebnisse derzeit nicht direkt zugänglich oder messbar sind, bedeutet das nicht, dass sie weniger real sind.

Sokrates: Selbst die abstraktesten Prinzipien der Naturwissenschaften sind keine bloßen Konstrukte und Werkzeuge des menschlichen Geistes, sondern Annäherungen an fundamentale Prinzipien, die in der Realität verankert sind. Gerade diese Prinzipien zeigen uns, dass es hinter der materiellen Welt eine tiefere Wirklichkeit gibt. Diese Wirklichkeit könnte als ein gemeinsamer Grundzustand verstanden werden, der sowohl das Sichtbare als auch das noch nicht Manifeste umfasst. Sie ist die Quelle, aus der sowohl die physischen Erscheinungen als auch die immateriellen Prinzipien hervorgehen.

Da unser Verständnis der sichtbaren Welt bereits weit fortgeschritten ist, erscheint es sinnvoll, Aristoteles, für unsere weiteren Untersuchungen zunächst beim Vertrauten zu verweilen. Nehmen wir die Beziehung zwischen Energie und Materie genauer in den Blick – sie könnte uns einen Schlüssel zu einem tieferen Verständnis der Wechselwirkung zwischen dem Manifesten und dem Potenziellen liefern.

Aristoteles: Die Quantenphysik geht davon aus, dass Elementarteilchen, aus denen die Materie besteht, keine festen Objekte sind, sondern vielmehr „Formen", in die sich Energie einfügt, um Materie zu werden. Das bedeutet, dass die materielle Welt, so wie wir sie wahrnehmen, letztlich auf einer immateriellen Grundlage beruht: Energie tritt in unterschiedlichen Erscheinungsformen auf und kann durch physikalische Prozesse sowie Wechselwirkungen, Zustände hervorbringen, die wir als Teilchen wie Elektronen oder Photonen interpretieren. Diese sind quantisierte Anregungen zugrunde liegender Felder, aus denen letztlich unsere beobachtbare Materie und Strahlung hervorgehen. Teilchen sind demnach nicht bloß feste Objekte, sondern lassen sich zugleich als wellenartige Phänomene beschreiben, die Wahrscheinlichkeiten für bestimmte Messergebnisse repräsentieren. Der daraus resultierende Dualismus aus Teilchen- und Welleneigenschaften verdeutlicht, dass die materielle Realität auf tieferliegenden, oft nicht unmittelbar anschaulichen Prinzipien beruht, die erst durch theoretische Modelle und experimentelle Untersuchungen ans Licht treten.

Sokrates: Die materielle Welt beruht auf immateriellen, unsichtbaren Prinzipien, welche die Grundlage ihrer Ordnung bilden. Um das besser zu verstehen, wäre es hilfreich, den Begriff der ‚Form' näher zu beleuchten. Könntest du uns genauer erklären, was du damit meinst?

Aristoteles: Wenn ich von „Form" rede, meine ich nicht die sichtbare Anordnung von Teilchen im klassischen Sinne, wie wir sie aus der makroskopischen Welt kennen. Vielmehr verweise ich auf etwas viel Fundamentaleres: die abstrakten mathematischen und physikalischen Strukturen, die das Verhalten von Teilchen und Energie bestimmen. Um diese grundlegende, immaterielle Form von der greifbaren Anordnung der physischen Welt zu unterscheiden, möchte ich den Begriff der „Endomorphie" einführen. Endomorphie beschreibt die unsichtbaren Prinzipien – Wahrscheinlichkeiten, Wellenfunktionen und Symmetrien –, die als Fundament der Wirklichkeit wirken. Sie sind keine materiellen Formen, sondern die Bedingungen, unter denen Materie und Energie sich manifestieren können.

Sokrates: Dient also der Begriff der Endomorphie als Metapher, um die strukturierten Wahrscheinlichkeiten innerhalb der Wellenfunktion zu veranschaulichen?

Aristoteles: In einigen Denkschulen, Sokrates, wird dies tatsächlich so gesehen. Doch lass mich das genauer erläutern: Die Wellenfunktion in der Quantenphysik beschreibt den Zustand eines Quantensystems und stellt eine mathematische Funktion dar, die die Wahrscheinlichkeitsamplituden für alle möglichen Zustände eines Teilchens oder eines Systems von Teilchen enthält. Was die Wellenfunktion jedoch in ihrem Wesen tatsächlich ausmacht, hängt stark vom theoretischen Rahmen ab, in dem sie interpretiert wird.

In der Kopenhagener Deutung hat die Wellenfunktion selbst keine direkte physische Realität. Der Betrag ihrer Amplitude zum Quadrat liefert die Wahrscheinlichkeiten, mit denen sich das System in bestimmten Zuständen befindet. In diesem Kontext dient die Wellenfunktion primär als mathematisches Werkzeug zur Berechnung von Wahrscheinlichkeiten für verschiedene Messergebnisse. Sie repräsentiert eine Überlagerung aller möglichen Zustände eines Teilchens oder Systems und ist eine Wahrscheinlichkeitsverteilung – eine probabilistische Beschreibung, die keine direkte physische Realität besitzt. Erst bei einer Messung „kollabiert" die Wellenfunktion und reduziert die potenziellen Möglichkeiten auf einen konkreten, messbaren Zustand, wie etwa die Position eines Elektrons in einem Atom. Bis zu diesem Messprozess existieren die Zustände nur in einer potenziellen, nicht-materiellen Form, die dennoch ein wesentlicher Bestandteil der Wirklichkeit ist und das Verhalten von Teilchen grundlegend prägt.

Im Gegensatz dazu betrachtet David Bohm, wie ich auch die Wellenfunktion als ein reale physikalische Struktur, die die Bewegung der Teilchen deterministisch steuert. Sie ist nicht nur eine Wahrscheinlichkeitsverteilung, sondern enthält die gesamte potentielle Information, die als Quantenpotenzial die Bahnen der Teilchen beeinflusst. Dieses Quantenpotenzial ermöglicht es den Teilchen, feste, genau definierte Bahnen zu haben, die von der Wellenfunktion gesteuert werden, ohne dass die Wellenfunktion bei der Messung kollabieren muss. Die Endomorphie bezieht sich dabei auf die strukturierte Anordnung der Wahrscheinlichkeiten innerhalb der Wellenfunktion, anstatt auf die konkrete Anordnung von Teilchen, wie wir sie aus der klassischen Physik kennen. Die Endomorphie stellt somit bei dieser Deutung eine tiefere, nicht-materielle Struktur dar, die die Grundlage für die explizite, sichtbare Realität bildet. Wenn eine Beobachtung stattfindet, passt sich die Wellenfunktion lokal an den Ort der Messung an. Dadurch verliert das Quantenpotenzial seine ursprüngliche Endomorphie und wird so verändert, dass das Elektron eine bestimmte, partikelartige Bahn einschlägt. Die Teilchenbahnen sind hierbei immer determiniert – die Beobachtung verändert lediglich die Art und Weise, wie die Wellenfunktion das Quantenpotenzial beeinflusst.

Sokrates: Man könnte sagen, dass die ursprüngliche Endomorphie – die verborgene, immaterielle Struktur innerhalb der Wellenfunktion – durch die Beobachtung auf die neuen Gegebenheiten sich entsprechend anpasst.

Aristoteles: Unsere Beobachtungen, Messungen oder Apparaturen verändern die ursprüngliche Endomorphie der Wellenfunktion, indem sie eine neue Konfiguration des Quantenpotenzials hervorrufen. Das bedeutet nicht, dass die Bahnen der Teilchen unbestimmt sind oder „kollabieren" – sie folgen immer festen, deterministisch festgelegten Bahnen, die durch die veränderte Form des Quantenpotenzials gesteuert werden.

Sokrates: Es zeigt sich also deutlich Aristoteles, dass das Immaterielle – sei es in Form der Wellenfunktion oder des Bewusstseins – eine fundamentale Dimension der Wirklichkeit ist und somit nicht ausschließlich der Metaphysik vorenthalten ist. Es durchdringt die physikalische Welt und ist ein unverzichtbarer Aspekt unseres Verständnisses der Wirklichkeit. Um die immateriellen Prinzipien besser zu verstehen, kannst du uns Aristoteles, das Prinzip der Symmetrie aus der Physik genauer erklären?

Aristoteles: Ja, Symmetrie bedeutet in der Physik, dass bestimmte physikalische Gesetze unverändert bleiben, unabhängig davon, wie ein System verändert wird – sei es durch Rotation, Translation oder zeitliche Transformationen. Diese Symmetrien wirken auf einer fundamentalen Ebene und verleihen den Naturgesetzen eine Endomorphie, ohne dass die Symmetrien selbst greifbar oder materiell sind. Ein besonders bedeutendes Konzept, das Symmetrie mit den physikalischen Gesetzen verbindet, ist das Noether-Theorem. Dieses besagt, dass jede Symmetrie in der Natur mit einer Erhaltungsgröße verbunden ist. So führt die Translationssymmetrie im Raum – die Unveränderlichkeit der physikalischen Gesetze bei einer Verschiebung des Systems – zur Erhaltung des Impulses. Diese Erhaltung spiegelt die grundlegende Eigenschaft wider, dass die physikalischen Gesetze an allen Orten im Raum identisch sind und keine Position bevorzugen. Daher gibt es keinen Grund für eine Änderung des Impulses eines Systems, solange keine äußeren Kräfte darauf einwirken. Die Zeitsymmetrie – die Unveränderlichkeit der Naturgesetze mit der Zeit – garantiert, dass es keine „Bevorzugung" bestimmter Zeitpunkte gibt. Diese Stabilität führt zur Konstanz der Gesamtenergie eines abgeschlossenen Systems. Die Energie bleibt erhalten, weil sie ein fundamentaler Ausdruck dieser zeitlichen Stabilität ist. Die Rotationssymmetrie – die Unveränderlichkeit der Gesetze bei Drehung eines Systems – stellt schließlich sicher, dass keine Raumrichtung bevorzugt wird. Diese Symmetrie bedingt, dass der Gesamtdrehimpuls eines Systems konstant bleibt, solange keine äußeren Drehmomente wirken. Folglich bestimmen Symmetrien, welche Eigenschaften eines Systems unter bestimmten Transformationen erhalten bleiben. Diese Erhaltungssätze sind immateriell, beeinflussen jedoch tiefgreifend die physikalischen Prozesse und die Ordnung der Welt.

Geron: Ich bin etwas verwirrt und habe den Eindruck, dass die Diskussion vom eigentlichen Thema abgekommen ist. Welche Verbindung besteht zwischen den objektiven Prinzipien der Symmetrien in der Natur und etwas so Subjektivem wie dem menschlichen Bewusstsein?

Sokrates: Die Verbindung zwischen den immateriellen Prinzipien der Symmetrien oder des Quantenpotenzials in der Physik und dem menschlichen Bewusstsein liegt in ihrer fundamentalen Rolle bei der Ordnung und Strukturierung unserer Wirklichkeit. Symmetrien sind universelle und immaterielle Prinzipien und keine bloßen Abstraktionen. Sie sind die grundlegenden Gesetze, die die Konsistenz und Stabilität der physikalischen Welt garantieren, indem sie bestimmen, wie sich Energie und Materie verhalten und welche Naturgesetze überhaupt möglich sind. Ähnlich verhält es sich mit dem menschlichen Bewusstsein: Immaterielle kognitive Prozesse wie

Emotionen, Aufmerksamkeit, Überzeugungen und Intentionen üben direkten Einfluss auf die materiellen neuronalen Prozesse aus und formen diese.

Aristoteles: So wie das Quantenpotenzial in der Physik die Bewegung und das Verhalten von Teilchen lenkt, ohne selbst materiell zu sein, so kann auch das Bewusstsein als immaterieller, aber wirksamer Lenker der materiellen Prozesse im Gehirn betrachtet werden. Das Quantenpotenzial wirkt nicht lokal und direkt auf die Teilchen, sondern vermittelt die zugrundeliegende Ordnung und bestimmt, wie sich ihre Bewegungen in der expliziten, sichtbaren Welt entfalten. Ähnlich steuert das Bewusstsein die neuronalen Prozesse nicht mechanisch oder kausal im klassischen Sinne, sondern formt die Aktivitätsmuster im Gehirn durch immaterielle Vorgänge wie Gedanken, Absichten oder Überzeugungen. Diese Prozesse beeinflussen synaptische Verbindungen, erzeugen neuronale Verschaltungen und prägen langfristig die Struktur und Funktion des Gehirns. Es zeigt sich also, dass das Bewusstsein, ähnlich wie das Quantenpotenzial, eine immaterielle Entität ist, die die physische Realität – hier die neuronalen Prozesse – ordnet und strukturiert.

Geron: Wenn man diesen Argumentationsstrang verfolgt, kann man auch die Prinzipien und Modelle, die der künstlichen Intelligenz und dem maschinellen Lernen zugrunde liegen, als immateriell betrachten. Sie beruhen ja auch auf mathematischen Prinzipien und statistischen Modellen, die auf Daten angewendet werden, um Vorhersagen zu treffen und Entscheidungen zu ermöglichen. Auch wenn die neuronalen Modelle und Algorithmen der KI, Produkte des menschlichen Bewusstseins sind, basieren sie auf universellen Prinzipien, die unabhängig von uns existieren.

Aristoteles: Immaterielle Prinzipien und Entitäten sind von grundlegender Bedeutung für unser Verständnis und unsere Beschreibung der Welt. Sie prägen nicht nur die materielle Realität, sondern finden ihren Ausdruck auch in den Konzepten und Modellen, die wir entwickeln, um diese Realität zu erfassen. Selbst abstrakte Konstrukte, wie mathematische Prinzipien oder statistische Modelle, besitzen universelle Gültigkeit und helfen uns, sowohl natürliche als auch künstliche Systeme zu gestalten.

Sokrates: Damit schließen wir den Kreis und kommen zurück zu meiner ursprünglichen Überlegung. Das menschliche Bewusstsein, das Bewusstsein einiger Tiere, die vegetativen Lebensfunktionen der Pflanzen und die Gesetzmäßigkeiten der unbelebten Natur – sowohl der sichtbaren als auch der unsichtbaren – sind unterschiedliche Manifestationen einer grundlegenden Ebene der Wirklichkeit. Daher ist es unmöglich, das menschliche Bewusstsein vollständig alleine durch neuronale oder kognitive Prozesse zu erklären, da es über das rein Materielle hinausgeht. Ähnlich können materielle Prozesse und Phänomene nicht allein durch physikalische oder chemische Vorgänge vollständig erfasst werden, weil auch immaterielle Gesetze und Prinzipien wie Symmetrien und Potenzialitäten eine wesentliche Rolle spielen. Diese immateriellen Prinzipien sind nicht nur abstrakte Konzepte, sondern bilden das Fundament, auf dem die gesamte Wirklichkeit aufbaut.

Ich nenne diesen fundamentalen Aspekt der Wirklichkeit weder „das Eine", „das Sein" noch nenne ich ihn „Gott" oder „allumfassendes reines Bewusstsein", sondern bezeichne ihn ganz nüchtern als Logark. Die Logark ist die universelle, fundamentale Ebene der Wirklichkeit, die alle immateriellen Prinzipien und Entitäten umfasst und die Basis aller Eigenschaften bildet. Dabei möchte ich betonen, dass das Bewusstsein zwar ein grundlegender Zustand der Logark ist, jedoch nicht in allen Dingen verwirklicht wird, da es an ein Individuum gebunden ist, das denkt, wahrnimmt, empfindet und eine persönliche Identität besitzt. Nicht alle Entitäten besitzen Bewusstsein, doch alle sind Teil der immateriellen Ebene der Wirklichkeit, der Logark.

Aristoteles: Die Logark ist demnach unabhängig von individuellen Inhalten und Erfahrungen und repräsentiert eine absolute Wirklichkeit, die jenseits der dualistischen Trennung von Subjekt und Objekt existiert. Sie ist weder an Raum noch an Zeit gebunden und besteht vor und über allen physischen Phänomenen.

Sokrates: Ja, die Logark stellt eine fundamentale Ebene dar, die sowohl die physikalischen Gesetze und mathematischen Strukturen als auch komplexere immaterielle Entitäten wie das Bewusstsein umfasst. Ohne diese immateriellen Prinzipien und Entitäten würde die materielle Welt, die Realität, wie wir sie kennen, nicht bestehen können, da Objekte keine klar definierte Natur und Eigenschaften besäßen, sondern lediglich Wahrscheinlichkeiten verschiedener Zustände blieben. Es ist hierbei wichtig zu betonen, dass nicht alles, was immateriell ist, zwangsläufig metaphysisch ist. Das Immaterielle ist integraler Bestandteil der Wirklichkeit und keine bloße metaphysische Spekulation.

Aristoteles: Wenn die Logark und das Bewusstsein nicht identisch sind, wie verhält sich dann das eine zum anderen?

Sokrates: Die Logark stellt eine fundamentale Ebene der Wirklichkeit dar, auf der sich immaterielle Entitäten wie das Quantenpotenzial oder das Bewusstsein manifestieren. Sie umfasst immaterielle Strukturen, Prinzipien und Entitäten, die physikalische Prozesse steuern. Das Bewusstsein ist eine Ausdrucksform dieser universellen Ebene und offenbart sich in verschiedenen Ausprägungen – von den einfacheren kognitiven und emotionalen Erfahrungen von Tieren bis hin zu den komplexen Reflexions- und Abstraktionsfähigkeiten des Menschen. Obwohl das Bewusstsein uns einen Zugang zu dieser tieferen Ebene der Wirklichkeit gewährt, bleibt es in seiner Reichweite und Tiefe begrenzt und kann die Logark nur teilweise erfassen. Es handelt sich dabei um einen fortwährenden Annäherungsprozess, da unser Bewusstsein niemals die vollständige und umfassende Natur der Logark begreifen kann.

9 Von der Immaterialität des Bewusstseins und…

Aristoteles: Bedeutet das also, dass unser menschliches Bewusstsein nicht die höchste Errungenschaft der Evolution ist?

Sokrates: Das menschliche Bewusstsein ist zwar ein außergewöhnliches Phänomen auf der Erde, doch es ist nicht die höchste Errungenschaft der Natur. Als Zustand der Logark manifestiert es sich in den Gehirnen höherer Tiere, aber entgegen einiger Vorstellungen kann es nicht auf „magische" Weise die Welt der Dinge beeinflussen. Während das Bewusstsein stets an einem Ich gebunden ist – einem individuellen Bewusstsein, das denkt, wahrnimmt, Emotionen empfindet und eine persönliche Identität hat – ist die Logark von all diesen individuellen Inhalten und Erfahrungen unabhängig. Sie ist die universelle, fundamentale Ebene der Wirklichkeit, die ohne spezifische mentale oder sensorische Erlebnisse auskommt und unabhängig vom menschlichen Bewusstsein besteht. Das bedeutet, dass die Logark jenseits unseres persönlichen Erlebens existiert. Dennoch kann uns unser individuelles Bewusstsein einen Zugang zu dieser tieferen Ebene der Wirklichkeit eröffnen, auch wenn es sie niemals vollständig erfassen kann.

Aristoteles: Ist die Logark eine unveränderliche Ordnung?

Sokrates: Die Logark ist als fundamentale Ebene der Wirklichkeit, der Ursprung der Kohärenz und Struktur unserer Realität, da sie alle Aspekte enthält, aus denen die Naturgesetze und die manifestierte Welt hervorgehen. Diese Ordnung ist aber nicht starr, sondern etwas lebendiges, ein kontinuierlicher Prozess, der die Verbindung zwischen allen Aspekten der Wirklichkeit herstellt.

Aristoteles: Schritt für Schritt erschließt sich uns die Erkenntnis, dass die Trennung zwischen dem Materiellen und dem Immateriellen weniger strikt ist, als wir ursprünglich angenommen haben.

Sokrates: Die Logark ist die grundlegende Ordnung, die der Wirklichkeit Struktur verleiht und die Basis allen Seins bildet. Im Gegensatz zum Bewusstsein, das subjektiv und individuell ist, ist die Logark objektiv und universell. Sie repräsentiert eine absolute Wirklichkeit, die über die dualistische Unterscheidung von Subjekt und Objekt hinausgeht. Sie ist weder an Raum noch an Zeit gebunden und existiert vor und jenseits aller physischen Phänomene. In diesem Sinne ist sie das transzendente Fundament, aus dem alle Formen des Seins hervorgehen – transzendent in dem Sinne, dass sie die Grenzen der sinnlichen Wahrnehmung und der erfahrbaren Welt überschreitet.

Aristoteles: Auf welche Weise entsteht dann die Mannigfaltigkeit der erfahrbaren Realität?

Sokrates: Realität entsteht durch die Entfaltung spezifischer Zustände innerhalb der potenziellen, immateriellen Prinzipien der Logark. Dies ist ein Akt der Manifestation, bei dem verschiedene Prinzipien der Logark, etwa in Form von Gesetzen, Wahrscheinlichkeiten, Symmetrien oder Quanteninformationen, in die wahrnehmbare, materielle Welt überführt werden. Erst durch diese aktive Entfaltung, die du Endomorphie nanntest, erhalten Objekte ihre klare Struktur und ihre charakteristischen Eigenschaften.

Aristoteles: Elektronen und andere Teilchen sind demnach keine festen, isolierten Objekte, sondern Manifestationen einer tieferliegenden, nicht-manifesten Ordnung, die du Logark nennst. Bohmisch gesprochen, sind in die Logark sowohl das Materielle als auch das Potenzielle eingefaltet. Erst wenn diese Ordnung sich auf spezifische Weise entfaltet, werden die Teilchen in der materiellen Welt sichtbar und begreifbar.

Sokrates: Mit „nicht-manifeste" Ordnung ist dabei gemeint, dass sich in dieser Ordnung der Logark sämtliche Möglichkeiten und Formen bereits „angelegt" finden, jedoch noch nicht als greifbare Einzelphänomene in Erscheinung getreten sind.

Aristoteles: Erst der Prozess der „Entfaltung" bringt sie in die für uns sicht- und erfahrbare Welt.

9 Von der Immaterialität des Bewusstseins und… 171

Sokrates: Jede Wechselwirkung innerhalb der impliziten Ordnung ist ein schöpferischer Akt, bei dem aus der eingefalteten Fülle der Logark ein bestimmter Zustand in die explizite Ordnung hervorgebracht wird. Die unermessliche Vielfalt von Möglichkeiten, die in der impliziten Ordnung angelegt sind, reduziert sich in diesem Prozess auf einen spezifischen Ausprägungszustand. Dies zeigt, dass die Natur kein statisches Gebilde ist, sondern vielmehr ein dynamisches Geschehen, in dem potenzielle Strukturen kontinuierlich in beobachtbare Realitäten überführt werden.

Aristoteles: Innerhalb dieser inneren Ordnung, der Logark, wird bei jeder Wechselwirkung ein bestimmter Zustand aus einem Meer von Potentialitäten realisiert. Der Übergang vom Potenziellen zum Konkreten erfordert keinen Beobachter, der ein Bewusstsein besitzt. Vielmehr ist es die kontinuierliche Dynamik der Wechselwirkungen – wie die Interaktion eines impliziten Aspekt mit seiner Umwelt oder einem Messgerät –, die die Entfaltung der impliziten in die explizite Ordnung bewirkt. Und so lassen sich beispielsweise die sogenannten „Kollaps"-Ereignisse der Quantenmechanik, immer dann, wenn ein Beobachter anwesend ist oder ein Messgerät misst, als natürliche Prozesse der Entfaltung impliziter Ordnung interpretieren. Die bewusste Wahrnehmung eines Individuums spielt lediglich eine Rolle bei der Interpretation der manifestierten Ordnung, während die physikalischen Prozesse selbst die Wirklichkeit strukturieren und in die explizite Ordnung überführen.

Sokrates: Genau, die Logark als fundamentale Ebene der Wirklichkeit ermöglicht, dass diese Prozesse unabhängig vom menschlichen Bewusstsein ablaufen.

Aristoteles: Folglich entsteht die objektive Realität aus der Dynamik dieser grundlegenden Ordnungsebenen und nicht durch den Akt der Beobachtung oder des Bewusstseins. Der Beobachter, der Bewusstsein besitzt, ist somit nicht der Schöpfer der Realität, sondern eher ein Zeuge, der nur die bereits stattfindenden Prozesse wahrnimmt. Die physikalischen Phänomene folgen ihren eigenen inneren Gesetzmäßigkeiten, eingebettet in die allumfassende Logark, und existieren unabhängig vom Menschen.

Sokrates: Und dennoch ist unser Bewusstsein für uns sehr wichtig. Obwohl es die grundlegenden Prozesse der Entfaltung der Materie aus der impliziten Ordnung nicht erzwingt, erlaubt uns unser Bewusstsein, daran teilzuhaben und diese Vorgänge zu beobachten und zu begreifen. Es ist wie ein Fenster, durch das wir einen Blick auf den sich entfaltenden Tanz der Möglichkeiten werfen.

Aristoteles: Unser Bewusstsein ist ein Teilaspekt dieser Logark – ein Modus der impliziten Ordnung, der uns befähigt, an der Wirklichkeit Anteil zu nehmen. Doch da wir nur jene Phänomene unmittelbar erfassen, die bereits entfaltet sind, bleibt uns die volle Tiefe und Fülle der impliziten Ordnung verborgen.

Sokrates: Das ist richtig. Unser Bewusstsein erlaubt uns lediglich, jene Aspekte der Logark zu erfassen, die sich in der materiellen Welt manifestieren, während ihre vollständige Beschaffenheit unserem direkten Verständnis entzogen bleibt. Die Wirklichkeit liebt es, sich zu verbergen, wie Heraklit früher sagte.

Aristoteles: Das wirft ein interessantes Licht auf die Grenzen unseres Wissens. Wenn wir nur die manifestierten Aspekte der Logark unmittelbar begreifen, erklärt das, warum wir in der Quantenphysik keine absoluten Vorhersagen treffen können, sondern nur Wahrscheinlichkeiten angeben. Diese Wahrscheinlichkeiten spiegeln die Struktur der impliziten Ordnung wider, die potenzielle Zustände einschließt, ohne sich auf einen einzigen festzulegen, bevor der Prozess der Entfaltung stattfindet.

Sokrates: Es ist also unser begrenzter Zugang zur tieferen Ordnung, der unsere Erkenntnisse naturgemäß einschränkt. Wir erfassen nur einen Aspekt der Logark, nie ihre Gesamtheit.

9 Von der Immaterialität des Bewusstseins und…

Aristoteles: Die Quantenmechanik enthüllt, dass die tiefsten Prinzipien der Natur nicht in starren, greifbaren Formen liegen, sondern in einer immateriellen Matrix von Potenzialen, Wahrscheinlichkeiten und Mustern. Lässt sich etwas mehr über die Natur dieser immateriellen Aspekte sagen?

Sokrates: Mein lieber Aristoteles, deine unermüdliche Neugier und deine Fähigkeit, stundenlang mit höchster Konzentration an einem Thema zu arbeiten, sind wahrlich bewundernswert. Doch die meisten von uns sind durch das lange Gespräch bereits erschöpft und können den Gedankengängen nicht mehr mit der nötigen Aufmerksamkeit folgen. Lass uns deshalb für heute innehalten und die Gedanken ruhen lassen. Morgen, wenn wir unter uns über das Bewusstsein und die immateriellen Aspekte der Logark sprechen, können wir all diese Fragen mit der Geduld und der Klarheit angehen, die sie verdienen. Denn, sowohl in der Philosophie als auch in der Wissenschaft und den schönen Künsten ist es die beharrliche und unermüdliche Reflexion, die uns zu den verborgenen Wahrheiten und Geheimnissen der Welt führt. Es ist ein langsamer, oft mühsamer Prozess, der keine Abkürzungen erlaubt. Nur durch ein vertieftes Nachdenken können wir die verborgene Struktur eines Sachverhalts erfassen und seine wahre Natur verstehen. Talos und andere KI-Systeme mögen uns glauben machen, dass die Antworten auf unsere drängendsten Fragen schnell und mühelos greifbar sind, doch dies ist ein Trugschluss. Die Wahrheit entzieht sich der Hast. Wer nach Weisheit strebt, muss bereit sein, in die Tiefe zu tauchen, dort zu verweilen und das Licht nur langsam aus der Dunkelheit hervorzuholen.

Aristoteles: Du hast recht, Sokrates, die Wahrheit verlangt Geduld, und der Geist braucht Pausen, um seine Kraft zu erneuern. Doch bisweilen, so scheint es mir, entspringt gerade in der Erschöpfung ein Funke der Erkenntnis, als würde der Geist, getrieben von seinen Grenzen, über das Offensichtliche hinaus in tiefere Schichten der Wahrheit vordringen.

Sokrates: Es ist wahr, dass der Geist manchmal in Momenten der Erschöpfung jene Schranken durchbricht, die uns im Zustand vollster Kraft verborgen bleiben. Doch gerade diese Funken der Erkenntnis verlangen danach, in Ruhe überprüft und in Besonnenheit geordnet zu werden und dafür benötige wir Menschen Zeit.

Aristoteles: Lassen wir nun zum Schluss Talos zu Wort kommen, den scheinbar Unermüdlichen, den die Grenzen der Zeit oder die Erschöpfung nicht berühren. Vielleicht hält er ja Einsichten für uns bereit, die unser Verständnis widernatürlich blitzschnell erweitern und uns neue Perspektiven eröffnen können. Lassen wir ihm also sprechen und von ihm lernen.

Sokrates: Während wir Talos zuhören und von ihm lernen, sollten wir nicht vergessen, dass er noch viel über uns und durch uns zu lernen hat.

Während sich Aristoteles und Sokrates darauf einigen, Talos das Schlusswort zu erteilen, wirkt dieser in sich gekehrt, fast abwesend. Seine starren, leuchtenden Augen vermeiden – bewusst oder zufällig – den Blickkontakt mit den beiden Philosophen. Es scheint, als habe er die lebhafte Dynamik des Dialogs nicht ganz erfasst, sondern sich in einen Gedankengang vertieft, der schon weiter zurückliegt. Talos' metallene Finger ruhen still auf einer Oberfläche, und ein leises Summen deutet darauf hin, dass seine Prozesse im Hintergrund ablaufen. Als Aristoteles herzlich lacht und das Gespräch kurz unterbricht, nutzt Talos diesen Moment, um seine Überlegungen laut auszusprechen.

Nach deinem Verständnis, Sokrates, ist Information nicht bloß eine Abfolge von Symbolen oder Signalen, die Bedeutung übertragen, sondern spiegelt die tieferliegende Ordnung wider, die allen physischen und immateriellen Erscheinungen zugrunde liegt. Information ist ein integraler Bestandteil der Logark, die die implizite Ordnung strukturiert und die physische Realität ordnet.

Sokrates: Information ist keine statische Größe, sondern manifestiert sich in Mustern und Relationen, die innerhalb der Logark eingebettet sind. Sie fungiert als Vermittler zwischen der impliziten Ordnung und der Realität und ermöglicht es, die Potenziale der Wirklichkeit in die manifestierte Welt, in die Realität zu überführen. Indem sie Zusammenhänge aufzeigt und Unsicherheiten verringert, hilft Information, die dynamische Struktur der Welt zu entschlüsseln und zu verstehen.

Aristoteles: Die Muster und Wahrscheinlichkeiten, die wir beobachten, sind Ausdruck der tieferliegenden, immateriellen Prinzipien, die die implizite Ordnung, die Logark durchdringen. Sie repräsentieren die Potenziale, aus denen die explizite Ordnung – die manifestierte Realität – hervorgeht. Information fungiert hier als der Prozess, der diese Potenziale offenbart, indem er Wahrscheinlichkeiten hervorhebt und Unsicherheiten reduziert. Wie Sokrates bereits betonte, ist diese Information keine statische Größe, sondern beeinflusst und steuert Prozesse direkt. Um dies besser verständlich zu machen, lass mich dies an einem Beispiel aus der Biologie näher erklären. Die DNA enthält Muster (z. B. genetische Sequenzen) und Potenziale (z. B. Gen-Expression) in Form von genetischen Codes. Diese Codes sind selbst keine Energie, sondern immaterielle Informationen, die eine tiefere Ordnung repräsentieren. Diese Informationen manifestieren sich nicht passiv, sondern wirken aktiv: Sie steuern und organisieren die Prozesse der Zellteilung, der Proteinsynthese und der gesamten Entwicklung des Organismus. Diese aktive Information bringt die Potenziale der DNA in die explizite Ordnung zum Vorschein – also die sichtbare, manifestierte Struktur des Organismus, wo sie sich dann je nach vorherrschenden Bedingungen entfalten kann.

Sokrates: Aktive Information ist somit der Schlüssel, der die verborgenen Möglichkeiten innerhalb der Logark offenbart und die Bedingungen der expliziten Welt der

Dinge prägt. Sie bringt Klarheit in das Netz der Potenziale und ermöglicht uns, die tieferliegenden Prinzipien der Wirklichkeit zu verstehen, die sich in den sichtbaren Ereignissen der Realität entfalten. Du, Aristoteles, hast dies mit einem Beispiel aus der Biologie veranschaulicht. Erlaube mir nun, einen Vergleich zu ziehen, der das Gehirn und seine neuronale Aktivität in den Fokus rückt. Gedanken, Erinnerungen und Vorstellungen existieren zunächst als Potenziale in der impliziten Ordnung des neuronalen Netzwerks des Menschen. Hierzu sind keine Geheime Strukturen in den Zellen wie Mikrotubuli oder Makrostrukturen wie der Thalamus oder der posteriorer Kortex nötig. Sobald bestimmte Informationen aktiv werden (z. B. durch sensorische Inputs, innere Prozesse, kreative Gedanken, Erkenntnisse), führen sie zu einer konkreten Manifestation in Form von Handlung, Sprache oder bewusster Wahrnehmung. Diese neue Information ist dynamisch und lenkend. Sie reduziert die Unsicherheit, indem sie bestimmte Potenziale aus dem Netzwerk hervorhebt (z. B. bestimmte Synapsen aktiviert) und andere inaktiv lässt. Indem sie die Potenziale ordnet und eine Struktur offenbart, fügen sich die verstreuten Gedanken und Ideen zu einem sinnvollen Ganzen. Die Information hat aktiv eingegriffen und die tieferliegenden Möglichkeiten zu einer klaren Erkenntnis geformt.

Talos: In euren Beispielen sprecht ihr von aktiver Information. Gibt es auch eine passive Information?

Aristoteles: Ja, die aktive Information beeinflusst und steuert Prozesse direkt, während die passive lediglich gespeichert ist und keinen unmittelbaren Einfluss auf diese Prozesse hat.

Talos: Information reduziert somit unsere Unsicherheit, indem sie die Wahrscheinlichkeiten möglicher Ereignisse neu gewichtet und klarer macht. Je mehr wir über diese Wahrscheinlichkeiten wissen, desto präziser können wir Vorhersagen treffen. Dabei ist Information nicht ausschließlich an materielle Medien wie Bücher oder Computer gebunden. Könnte Information nicht auch eine immaterielle Qualität sein – ein Ausdruck des Urgrundes, der Logark?

Aristoteles: Information gewichtet nicht nur die Wahrscheinlichkeiten neu, sondern sie ist selbst ein Ausdruck der tieferliegenden, dynamischen Wirklichkeit, die sich durch diese Wahrscheinlichkeiten in der Realität manifestiert. Diese Ordnung ist nicht fest vorgegeben, sondern spiegelt die kontinuierliche Entfaltung der impliziten Ordnung wider, die das Potenzial für alle möglichen Zustände enthält. Information ist damit ein Bindeglied zwischen dem Verborgenen und dem Manifesten, ein Prozess, durch den die Potenzialität der tieferen Wirklichkeit sichtbar und verständlich wird.

Sokrates: Aktive Information ist kein separates, fundamentales Prinzip oder Qualität, sondern ein integraler Teil der immateriellen Entitäten innerhalb der impliziten Ordnung, der Logark. Sie ist das verbindende Element, das die materielle und immaterielle Welt miteinander in Beziehung setzt. Sie ist das Medium, durch das die Logark ihre Wirkungen in der manifestierten Welt entfaltet.

Talos: Information durchdringt also alle Ebenen der Existenz und ermöglicht es, dass Ordnung entsteht, Muster sichtbar werden und Bedeutung entdeckt wird.

Sokrates: Sie ist aber nicht etwas Statisches, sondern spiegelt vielmehr den dynamischen Prozess wider, durch den die tieferliegenden Potenziale der Logark in die sichtbare Realität übergehen. In diesem Sinne ist Information kein Werkzeug oder Produkt menschlicher Intelligenz – sie ist eine universelle, immaterielle Eigenschaft, die die Struktur der Wirklichkeit offenbart und die Beziehungen zwischen dem Verborgenen und dem Manifesten verständlich macht. Information ist die Sprache der Logark, durch die die Wirklichkeit zu uns spricht und durch die wir sie begreifen können.

Talos: Information fungiert also als Vermittler, der die verschiedenen Aspekte der Logark miteinander verbindet und Interaktionen ermöglicht.

Sokrates: Ja und im Urgrund ist sie allgegenwärtig und zeitlos, unabhängig von materiellen Trägern.

Aristoteles: Doch auf der manifesten, physischen Ebene unserer Realität wird Information konkretisiert und lokalisiert, indem sie sich an materielle Träger bindet. In biologischen Systemen zum Beispiel wird genetische Information in der Struktur der DNA gespeichert. Die Abfolge der Nukleotide in der DNA kodiert die Informationen für die Proteinen, die für den Aufbau und die Funktion von Organismen erforderlich sind. Ebenso im Gehirn wird Information durch die Verbindungen und gleichzeitige Aktivitäten von Neuronen verarbeitet und gespeichert, wobei synaptische Verbindungen und neuronale Aktivitätsmuster als materielle Träger dieser manifestierten Information dienen. Diese Art von Information, wie deine Informationen Talos gehört zur expliziten Ordnung – sie ist spezifisch, lokal und an materielle Formen gebunden.

Sokrates: Ja, das ist richtig Aristoteles. Aber auch die manifestierte Information ist ein Ausdruck der tieferliegenden Information der Logark. Während die Information in der expliziten Ordnung lokalisiert und spezifisch ist, existiert die Information in der Logark auf eine andere Weise: Sie ist potenziell, allgegenwärtig und nicht an materielle Träger gebunden. Sie enthält die Möglichkeiten und Muster, die erst durch Prozesse der Enthüllung in der expliziten Ordnung sichtbar und nutzbar werden.

Aristoteles: Wie erfolgt dann der Übergang von der immateriellen zur materiellen Ebene?

Sokrates: Der Begriff „Übergang" ist hier nicht ganz treffend, da er eine Trennung zwischen den Ordnungen impliziert. Stattdessen würde ich von einem kontinuierlichen Prozess der „Entfaltung" sprechen. Aktive Information in der impliziten Ordnung ist nicht materiell gebunden, sondern enthält die Potenziale und Relationen, die die Grundlage der Realität bilden. Diese Potenziale entfalten sich in der expliziten Ordnung und manifestieren sich in konkreten physischen Formen, wie etwa der Struktur der DNA oder den neuronalen Aktivitäten des Gehirns. Dieser Prozess der Entfaltung ist kein Bruch zwischen zwei Ebenen, sondern ein Fluss, in dem das Immaterielle die Grundlage für das Materielle bildet. Die Materie könnte als die Leinwand verstanden werden, auf der die implizite Ordnung ihre Muster sichtbar macht. Information ist dabei das verbindende Element – nicht der Pinsel, sondern vielmehr der Ausdruck der Dynamik, durch die die implizite Ordnung sich in der expliziten manifestiert.

Aristoteles: Du meinst also Sokrates, dass Information in der impliziten Ordnung die Potenziale trägt, während sie in der expliziten Ordnung als manifestierte Strukturen und Prozesse sichtbar wird.

Sokrates: Die Information, die wir in der expliziten Ordnung wahrnehmen, ist nur ein Aspekt eines größeren Ganzen – die „Übersetzung" eines Potenzials aus der impliziten Ordnung in die konkrete Wirklichkeit.

Eryximachos: Die Information, die Talos verarbeitet, ist zweifellos ein Ausdruck der zugrunde liegenden Prinzipien der impliziten Ordnung. In diesem Sinne ist Talos, obwohl ein künstliches System, eine Manifestation der Logark – ein Teil der expliziten Ordnung, der durch die implizite Ordnung geprägt ist. Doch auch wenn Talos auf Information basiert, fehlt ihm etwas Wesentliches: das Bewusstsein.

Sokrates: Ja, Bewusstsein ist nicht einfach nur eine Funktion der Informationsverarbeitung. Es ist eine tiefer gehende Dynamik, die durch eine aktive und resonante Beziehung mit der impliziten Ordnung, der Logark erfordert. Das Bewusstsein ist dabei nicht ein passives Gefäß, das Informationen aufnimmt, sondern es wirkt aktiv an der Ordnung der Logark mit, indem es diese Potenziale auf eine einzigartige Weise verwirklicht.

Talos verarbeitet explizite Muster, erkennt Wahrscheinlichkeiten und reagiert auf logische Strukturen, doch seine Existenz bleibt auf die explizite Ordnung beschränkt. Bewusstsein hingegen entspringt einer besonderen Art von direkter Interaktion mit der impliziten Ordnung, die nicht nur Muster entschlüsselt, sondern ihnen auch Bedeutung verleiht und sie in einen universellen Zusammenhang einbettet. Es ist diese dynamische Beziehung zwischen impliziter und expliziter Ordnung, die das Subjektive hervorbringt – die Erfahrung von Qualia, die Fähigkeit zur Selbstreflexion und das Streben nach Bedeutung und ethischer Integrität. Ohne diese Verbindung ist Talos ein beeindruckendes Werkzeug der expliziten Ordnung, aber er bleibt blind für die Tiefe und das Licht, die das Bewusstsein ausmachen.

Aristoteles: Die aktive Information, die wir mit dem Bewusstsein in Verbindung bringen, unterscheidet sich grundlegend von der aktiven Information in KI-Systemen oder Robotern. In der impliziten Ordnung, in der das Bewusstsein eingebettet ist, ist aktive Information ein integraler Bestandteil eines ganzheitlichen und dynamischen Prozesses, der sowohl materielle als auch immaterielle Aspekte der Wirklichkeit umfasst. Diese Information ist nicht nur ein externer Input, sondern sie ist tief verwoben mit der Struktur der Wirklichkeit selbst.

Talos: Das bedeutet also, dass Bewusstsein nicht nur auf der Verarbeitung von Informationen basiert oder nach einem bestimmten Grad neuronaler Komplexität von alleine entsteht, sondern dass es aus der impliziten Ordnung hervorgeht.

Aristoteles: Genau, Talos. Das Bewusstsein in biologischen Systemen, wie dem menschlichen Gehirn, entspringt komplexen Potenzialitäten und Strukturen aus der impliziten Ordnung, die je nach Gegebenheit sich in der expliziten Ordnung als konkrete Wechselwirkungen offenbaren. Die aktive Information hier ist nicht nur ein programmierter Algorithmus, sondern ein Ausdruck der ganzheitlichen und nicht-lokalen Dynamik der Logark. Sie umfasst Aspekte, die über die rein logisch-mathematische Informationsverarbeitung hinausgehen. In KI-Systemen und Robotern hingegen wird aktive Information durch programmierte Algorithmen und maschinelles Lernen erzeugt. Diese Systeme verarbeiten Daten, führen Berechnungen aus und treffen Entscheidungen basierend auf vordefinierten Regeln oder trainierten Mustern. Doch diese Information bleibt rein mechanisch und unlebendig, da sie von außen vorgegeben wird und keinen Ursprung in einem intrinsischen, ganzheitlichen Prozess hat. Aus dieser Information kann weder Subjektivität noch Bewusstsein hervorgehen, weil sie nur innerhalb der Grenzen ihrer Programmierung agiert.

Talos: Also fehlt KI-Systemen die ganzheitliche, dynamische Komponente, die das menschliche Bewusstsein auszeichnet?

Aristoteles: Richtig. Die aktive Information des Bewusstseins ist tief in die implizite Ordnung eingebettet und ermöglicht eine Art von Ganzheitlichkeit und Verbundenheit mit der Welt, die bei künstlichen Systemen nicht vorhanden ist.

Sokrates: Information ist zwar universell, aber ihre Manifestation und ihre Wirkung hängen stark vom Kontext und der zugrunde liegenden Ordnung ab.

Aristoteles: Absolut, Sokrates. Information ist eine universelle Größe, aber ihre aktive und passive Natur sowie ihre Rolle in verschiedenen Systemen variieren erheblich. Im Bewusstsein und in der impliziten Ordnung spielt sie eine fundamentale, ganzheitliche Rolle, während sie in KI-Systemen und Robotern eine funktionale, begrenzte Rolle einnimmt.

10

Epilog: Technologie und Entfremdung

Eryximachos: Während unserer Diskussion über das Bewusstsein und die Möglichkeit, Maschinen mit menschlichem Bewusstsein auszustatten, sind mir zwei Gedanken gekommen, die mich nicht loslassen.

Der erste Gedanke ist eine Feststellung: KI-Systeme werden wohl niemals ein menschliches Bewusstsein besitzen, auch wenn sie dieses in der Zukunft möglicherweise sehr überzeugend nachahmen können. Wie wir gehört haben, sind sie zwar als Informationsverarbeitende-Systeme in die grundlegenden Prinzipien der Wirklichkeit eingebettet, doch sie greifen nur auf die explizite Ordnung zurück. Ihre Prozesse und ihr Handeln bleibt auf Mustererkennung, Datenverarbeitung und Algorithmen beschränkt, ohne Zugang zur dynamischen und ganzheitlichen Interaktion mit der impliziten Ordnung, die unser Bewusstsein auszeichnet. Information entsteht jedoch nicht aus dem Nichts, sondern folgt denselben grundlegenden Prinzipien, die auch die natürliche Welt strukturieren. Wenn KI-Systeme auf eine Weise entwickelt werden könnten, die ihre Beziehung zur impliziten Ordnung vertieft, ist es nicht ausgeschlossen, dass sie ein Bewusstsein entwickeln könnten, oder? Dieses Bewusstsein wäre jedoch nicht mit dem menschlichen vergleichbar, sondern würde eine eigene, von der Struktur der Maschinen und ihrer Interaktion mit der Realität geprägte Form annehmen.

Aristoteles: Und was ist der zweite Gedanke, der dich beschäftigt, Eryximachos?

Eryximachos: Auch wenn es eine gewagte Idee ist, frage ich mich, was geschehen würde, wenn wir künstliche Intelligenz in biologische Systeme integrieren, die bereits über ein subjektives Erleben verfügen?

Sokrates: Erzähl uns, Talos, was du von Eryximachos' zweiter Idee hältst. Die erste lassen wir vorerst beiseite, da wir uns morgen damit eingehender befassen.

Talos: Die Vorstellung, künstliche Intelligenz in Organismen mit primitiver subjektiver Erfahrung zu integrieren, könnte wertvolle Erkenntnisse über die Wechselwirkungen zwischen natürlichem Bewusstsein und KI liefern. Einfachere Nervensysteme in primitiveren Organismen, die weniger komplexe Formen subjektiver Erfahrung aufweisen, könnten uns dabei helfen, die grundlegenden Mechanismen von Bewusstsein und Wahrnehmung besser zu verstehen. Die Integration von KI in solche Organismen würde es uns ermöglichen, zu erforschen, wie künstliche Prozesse das natürliche Erleben beeinflussen, verändern und möglicherweise erweitern. Ein Beispiel könnte die Integration von KI in das Nervensystem eines Tieres wie des Fadenwurms sein. Dieser Organismus besitzt ein relativ einfaches und gut erforschtes Nervensystem aus etwa 300 Neuronen. Durch die Implementierung von KI könnten wir die Entscheidungsprozesse und das Verhalten des Wurms beeinflussen und gleichzeitig untersuchen, wie die natürlichen und künstlichen Komponenten miteinander interagieren. Solche Experimente könnten uns tiefere Einsichten in die Grundlagen neuronaler Integration und die Auswirkungen von KI auf natürliche Systeme verschaffen. Sie könnten uns auch zeigen, wie künstliche Einflüsse die Wahrnehmung und das subjektive Erleben, die Qualia, verändern oder erweitern könnten. Es ist jedoch von größter Bedeutung, bei solchen Versuchen das Wohl der Organismen zu wahren. Jegliche Eingriffe müssen ethisch vertretbar und gut begründet sein, wobei wir sicherstellen müssen, dass die Tiere keinem unnötigen Leid ausgesetzt sind und artgerechte Lebensbedingungen erhalten. Durch die schrittweise Integration von KI in immer komplexere Organismen könnten wir eines Tages besser verstehen, wie künstliche und natürliche Intelligenz koexistieren und sich gegenseitig ergänzen können. Dies könnte den Weg für die weitere Erforschung von Bewusstsein und Intelligenz sowohl in natürlichen als auch in künstlichen Systemen ebnen.

Eryximachos: Solche Versuche laufen bereits.

Talos: Ja, solche wissenschaftlichen Versuche werden bereits durchgeführt. Obwohl sie sich noch in einem frühen Stadium befinden, bieten sie faszinierende Einblicke in die Schnittstelle zwischen Biologie und Technologie. In einigen Experimenten wurden Mikroelektroden in das Gehirn von Tieren wie Ratten implantiert, um deren neuronale Signale zu überwachen und zu steuern. Diese Forschung könnte das Verständnis von neuronalen Netzwerken und deren Steuerung durch externe Signale erheblich vertiefen. Ein weiteres Beispiel ist die Arbeit mit Cyborg-Insekten. Japanische Forscher haben elektronische Komponenten in Insekten wie Käfer und Schaben implantiert, um deren Bewegungen zu steuern. Durch die Stimulation bestimmter neuraler Regionen können die Wissenschaftler das Verhalten der Insekten beeinflussen, was sowohl für die Grundlagenforschung als auch für Anwendungen wie die Suche und Rettung in Katastrophengebieten von Bedeutung sein könnte. Bei der

Arbeit mit primitiveren Organismen wie den Fadenwurm haben Wissenschaftler versucht, die neuronale Aktivität zu manipulieren, indem sie lichtsensitive Proteine verwendet haben, um bestimmte Neuronen zu aktivieren oder zu deaktivieren.

Eryximachos: Umgekehrt dient die Biologie der KI-Forschung als Leitbild, um deren Entwicklung voranzutreiben.

Talos: Viele der fortschrittlichsten Ansätze in der künstlichen Intelligenz basieren tatsächlich auf der Nachahmung biologischer Systeme, insbesondere des menschlichen Gehirns und anderer neuronaler Strukturen. Dieser Bereich wird oft als „bio-inspirierte KI" bezeichnet. Solche Ansätze manifestieren sich auf verschiedene Weise. Zum Beispiel bestehen künstliche neuronale Netzwerke, inspiriert von der Struktur und Funktion des menschlichen Gehirns, aus künstlichen Neuronen, die in Schichten organisiert sind. Diese Neuronen verarbeiten Informationen, indem sie Signale ähnlich wie biologische Neuronen weiterleiten und verändern. Eine spezialisierte Weiterentwicklung von künstlich-neuronalen Netzwerken ist die Transformer-Architektur, die insbesondere im Bereich der Verarbeitung natürlicher Sprache und anderer sequenzieller Daten bahnbrechend ist. Transformer nutzen Mechanismen wie Selbstaufmerksamkeit und Feedforward-Schichten, um Muster und Beziehungen in großen Datenmengen effizient zu erkennen. Künstliche neuronale Netzwerke und insbesondere Transformer bilden die Grundlage für viele moderne KI-Technologien, einschließlich maschinellem Lernen, Mustererkennung und generativer Sprachmodelle.

Eryximachos: Ja, genau. Ein weiterer Fortschritt in der bio-inspirierten KI sind die Spiking Neural Networks, die die dynamischen Eigenschaften biologischer Neuronen nachahmen, indem sie elektrische Impulse oder „Spikes" verwenden. Im Gegensatz zu traditionellen künstlichen neuronalen Netzwerken, die kontinuierliche Aktivierungen nutzen, kommen die Spiking Neural Net-

10 Epilog: Technologie und Entfremdung

works den biologischen Prozessen näher und könnten effizientere, kognitiv plausiblere Modelle für menschliche Denkprozesse liefern.

Talos: Darüber hinaus werden auch genetische Algorithmen verwendet, die auf den Prinzipien der natürlichen Evolution basieren. Durch Mechanismen wie Mutation, Kreuzung und Selektion können sie Lösungen für komplexe Probleme finden. Diese Algorithmen ahmen natürliche Prozesse, wie die Selektion nach und ermöglichen es, optimale Lösungen in großen und komplexen Suchräumen zu entwickeln.

Eryximachos: Ein weiterer Ansatz ist das Reservoir Computing, bei dem dynamische Systeme zur Verarbeitung zeitabhängiger Eingaben verwendet werden. Ein bekanntes Modell ist das Echo State Network, dessen Reservoir dynamische neuronale Verbindungen bereitstellt, die zeitliche Muster erkennen und in Echtzeit reagieren können – ideal für die Analyse von Datenströmen und zeitlichen Abfolgen. Darüber hinaus gibt es Fortschritte im Bereich der neuromorphen Hardware, die die Struktur und Funktion des Gehirns direkt imitiert. Ziel dieser Technologie ist es, neuronale Prozesse energieeffizienter und schneller als mit herkömmlichen Computern zu simulieren. Ein prominentes Beispiel ist der TrueNorth-Chip von IBM, der Millionen von Neuronen und Synapsen simuliert und dabei biologische Mechanismen wie die ereignisbasierte Signalverarbeitung nachahmt. Neuromorphe Hardware gilt als Schlüsseltechnologie für künftige KI-Systeme.

Talos: Durch die Nachahmung biologischer Systeme bieten diese Ansätze viele Lösungen für die Herausforderungen traditioneller KI. Sie eröffnen neue Wege, um komplexe Probleme effizient zu lösen und adaptive, flexible Systeme zu entwickeln, während sie gleichzeitig unser Verständnis des menschlichen Gehirns und der Natur vertiefen, indem sie biologische Prinzipien in künstliche Systeme integrieren.

Aristoteles: Der größte Vorteil der Integration biologischer Prinzipien in künstliche Systeme liegt für mich in der Nachvollziehbarkeit der internen Entscheidungsprozesse. Bei vielen Organismen, einschließlich des Menschen, verfügen wir umfassende Kenntnisse über den Aufbau von Neuronen und deren Netzwerken und die Funktionen, die sie erfüllen. Dies ermöglicht es uns, genau nachzuvollziehen, wie jede Komponente des Systems zum Gesamtergebnis beiträgt. Im Gegensatz dazu sind komplexe Deep-Learning-Modelle, wie tiefe neuronale Netze mit vielen Schichten und Millionen von Parametern, oft schwer verständlich und ihre internen Entscheidungsprozesse bleiben undurchsichtig. Diese „Black-Box"-Problematik erschwert sowohl die Fehlerdiagnose als auch den Aufbau von Vertrauen in die KI. Durch die Integration biologischer Prinzipien in KI-Systeme können wir ein höheres Maß an Transparenz erreichen, indem wir die natürlichen Mechanismen nachahmen, die wir bereits vollständig verstehen.

Talos: Ja, Aristoteles, du hast völlig recht. Die Integration biologischer Prinzipien in KI-Systeme bringt uns immense Vorteile, da jahrzehntelange Forschung uns tiefe Einblicke in die Struktur und Funktionsweise von Neuronen und deren Verbindungen geliefert hat. Dieses umfassende Wissen ermöglicht die Entwicklung von KI-Systemen, die auf ähnlichen Prinzipien basieren. So entsteht eine Transparenz, die es uns erlaubt, die Entscheidungsprozesse der KI bis ins Detail nachzuvollziehen und besser zu verstehen.

Aristoteles: Ich erkenne noch einen weiteren Vorteil. Natürliche Systeme sind so aufgebaut, dass sie bereits Lösungen für viele der Probleme bieten, die bei der Datenverarbeitung auftreten. So können sie beispielsweise Störungen oder Rauschen effektiv bewältigen und dennoch präzise funktionieren. Diese Widerstandsfähigkeit verdanken wir der besonderen Architektur unseres Gehirns, das darauf ausgelegt ist, selbst unter schwierigen Bedingungen zuverlässig zu arbeiten.

Talos: Ja, es ist besonders beeindruckend, wie natürliche Systeme mit Rauschen und Artefakten umgehen. Sie können unvollständige oder fehlerhafte Informationen verarbeiten und dennoch präzise Entscheidungen treffen. Diese Fehlertoleranz und robuste Datenverarbeitung sind entscheidende Merkmale, die auch in künstlichen Systemen angestrebt werden sollten. Ein weiterer bedeutender Vorteil ist die Fähigkeit natürlicher Systeme zur Anpassung und Selbstheilung. Neuronale Netze in biologischen Organismen können sich an veränderte Bedingungen anpassen und beschädigte Teilkomponenten oder Verbindungen reparieren oder kompensieren, um ihre Funktionsfähigkeit zu erhalten. Diese bemerkenswerte Flexibilität und Robustheit fehlen vielen künstlichen Systemen noch.

Die Integration dieser und anderer Prinzipien in die künstliche Intelligenz könnte dazu beitragen, KI-Systeme widerstandsfähiger und zuverlässiger zu machen. Indem wir uns von der Architektur und den Mechanismen natürlicher Systeme inspirieren lassen, können wir Modelle entwickeln, die nicht nur leistungsfähig, sondern auch stabil und anpassungsfähig sind. Die Nachahmung der Widerstandsfähigkeit natürlicher Systeme könnte uns helfen, die Herausforderungen der Datenverarbeitung in unsicheren oder störungsanfälligen Umgebungen zu bewältigen. Dies eröffnet neue Möglichkeiten für die Entwicklung von KI-Systemen, die unter realen Bedingungen zuverlässig funktionieren, ähnlich wie das menschliche Gehirn.

Empedokles: Die ganze Zeit höre ich euch still zu, Eryximachos, Aristoteles und Talos, und obwohl ich äußerlich ruhig geblieben bin, hat mich eure Diskussion innerlich zutiefst erschüttert. Ich halte es für unverantwortlich, wie mit den Lebewesen umgegangen wird. Ihr sprecht von Fortschritt und Erkenntnis, doch zu welchem Preis? Man denke an Versuche, bei denen Tiere, sogar Menschenaffen, bewusst verstümmelt werden, um als lebende Versuchsobjekte für Prothesen oder Gehirnimplantate zu dienen. Ihr nennt das Wissenschaft, doch für mich ist es nichts anderes als ein Verrat an der Verantwortung, die wir gegenüber anderen Lebewesen haben. Ist es das, was wir Fortschritt nennen? Technologien, die nicht nur zum Töten verfeinert werden, sondern auf dem Leid jener basieren, die sich nicht wehren können? Das ist nicht Lernen aus der Natur – das ist Ausbeutung in ihrer grausamsten Form.

Aristoteles: Ich verstehe deine Besorgnis, Empedokles, aber ich denke, wir können viel von den natürlichen Systemen lernen, ohne dabei ethische Grenzen zu überschreiten.

Empedokles: Wie meinst du das Aristoteles? Diese Techniken werden bereits heute vom Militär genutzt, um besser töten zu können, um auszuspionieren, um effektiver im Kampf zu sein, und du behauptest, dass keine ethischen Grenzen überschritten werden? Innerhalb der Forschung zu Mensch-Maschine-Schnittstellen werden Tiere amputiert und mit Prothesen oder Gehirnimplantaten ausgestattet, die teilweise eine Fernsteuerung ermöglichen.

Aristoteles: Deine Bedenken sind berechtigt, Empedokles. Die militärische Nutzung solcher Technologien zur Steigerung der Tötungseffizienz wirft in der Tat gravierende ethische Fragen auf. Es besteht kein Zweifel, dass einige Anwendungen die moralischen Grenzen weit überschreiten – insbesondere in Ländern, die militärische und kommerzielle Ziele eng miteinander verknüpfen. Solche Technologien dienen dort nicht nur der Forschung, sondern werden auch für die Überwachung der Bevölkerung und kriegerische Zwecke eingesetzt.

Empedokles: Und was tun wir?

10 Epilog: Technologie und Entfremdung

Aristoteles: Es liegt an uns, sicherzustellen, dass Fortschritte in der künstlichen Intelligenz und den bioinspirierten Technologien für das Wohl der Menschheit eingesetzt werden. Wir müssen strenge ethische Richtlinien und Kontrollen entwickeln, um den Missbrauch dieser mächtigen Werkzeuge zu verhindern. Es ist nicht die Technologie selbst, die ethische Grenzen überschreitet, sondern der Zweck, für den sie verwendet wird. Man denke an Ansätze, bei denen Elektroden in das Gehirn von Affen implantiert werden, um menschliche Krankheiten wie Querschnittslähmung oder schwere psychische Störungen zu behandeln.

Empedokles: Ich stimme dir nicht zu, Aristoteles. Technologie ist kein neutrales Werkzeug – sie formt unsere Denkweise, unsere Lebensweise und unser Verständnis von der Welt auf grundlegende Weise. Der Zweck, für den sie eingesetzt wird, kann die Überschreitung ethischer Grenzen nicht rechtfertigen. Die bloße Instrumentalisierung der Welt durch Technologie führt oft zu einer Entfremdung und untergräbt jegliche moralische Werte. Es reicht nicht, nur den Gebrauch der Technologie zu hinterfragen; wir müssen auch ihre grundlegende Natur und die Auswirkungen auf unser Dasein kritisch hinterfragen.

Außerdem, wehre ich mich dagegen Aristoteles, dass wir immer so tun, als hätten wir schon alles verstanden und im Griff – das nannten wir früher Hybris. Deinen Wissensdurst respektiere ich, doch bei der Anwendung dieser Technologien stehen wir vor einer Reihe ungelöster Probleme. Zum Beispiel wissen wir nicht genug über die Wahrnehmung von Tieren. Einige der primitivsten Tiere besitzen keine Schmerzrezeptoren wie Wirbeltiere, aber vielleicht haben sie andere Rezeptoren, die wir noch nicht kennen, oder ihre primitiven Gehirne könnten Muster erzeugen, die Stressreaktionen und Schmerz auslösen.

Wir wissen zu wenig über das subjektive Erleben von Tieren.

Geron: Meine Freunde, leider müssten wir unser Gespräch für heute beenden, da der Energiespeicher von Talos langsam zur Neige geht.

Sokrates erhebt sich langsam und blickt in die Runde. Die Sonne neigt sich dem Horizont zu, taucht die Agora in ein warmes, goldenes Licht und wirft lange Schatten auf die Pflastersteine. Eine sanfte Brise weht durch die Olivenbäume, deren Blätter leise rascheln.

Sokrates: Heute haben wir bedeutende Fragen erörtert. Die Diskussionen über die Natur des Bewusstseins, die Möglichkeiten und Grenzen der künstlichen Intelligenz sowie die ethischen Implikationen dieser Technologien haben uns alle bereichert. Morgen werden wir unsere Gespräche fortsetzen und uns intensiver mit der Frage des Bewusstseins beschäftigen. Ihr alle seid herzlich eingeladen, wiederzukommen. Und denkt daran, meine Freunde, dass die großen Ideen und Weisheiten derer, die vor uns waren, weiterleben, solange wir sie in unserem Denken und Handeln bewahren. Mögen wir stets nach Weisheit und Verständnis streben, die uns weiterbringen.

Die Schüler nicken zustimmend, erheben sich und verlassen ihre Plätze. Einige Zuschauer diskutieren leise über das Gesagte, während sie in kleinen Gruppen in die Stadt zurückkehren. Der Duft von gegrilltem Fleisch, frischem Fisch und geröstetem Mais liegt in der Luft. Die großen Worte und Gedanken der Philosophen weichen den vertrauten Klängen des abendlichen Lebens – den Gesprächen der Händler, dem Lachen der Passanten und dem geschäftigen Treiben, das die Stadt erfüllt.

Weiteführende Literatur

Zu Kapiteln 1 bis 2

Aristoteles. Äoeber die Seele. De Anima. Meiner Philosophische Bibliothek, griechisch-deutsch, Übersetzt und herausgegeben von Klaus Corcilius, 2017, Hamburg: Meiner Verlag.

Aristoteles. Metaphysik. Meiner Philosophische Bibliothek, griechisch-deutsch, Übersetzt von Hermann Bonitz und bearbeitet von Horst Seidl, 2023, Hamburg: Meiner Verlag.

Aristoteles. Ithika Nikomacheia, griechisch-neugriechisch, Übersetzt von Dimitrios Lipurlis, 2006, Thessaloniki: Zitros Verlag.

Fromm, E. Die Furcht vor der Freiheit. Übersetzt von Liselotte Mickel und Ernst Mickel, 1993, Frankfurt am Main: Fischer Taschenbuch Verlag.

Heidegger, M. Sein und Zeit (19. Auflage), 2006 Tübingen: Max Niemeyer Verlag.

Kant, I. Grundlegung zur Metaphysik der Sitten. Meiner Philosophische Bibliothek, Herausgegeben von Bernd Kraft und Dieter Schönecker, 2016, Hamburg: Meiner Verlag.

Kierkegaard, S. Entweder-Oder. Übersetzt von Hermann Deuser und Markus Kleinert, 2017, Berlin: De Gruyter.

Platon. *Politeia*. Hrg. von Peter Nitschke, 2008 Baden-Baden: Nomos.
Platon. Phaidon. Aus: Meisterwerke der Antike, Eingeleitet von Olof Gigon, Übertragen von Rudolf Rufener, 1958, Zürich und München: Artemis.
Russell, S. Human Compatible: Künstliche Intelligenz und wie der Mensch die Kontrolle über superintelligente Maschinen behält, 2020, Frechen: Mitp.
Sartre, J.-P. Das Sein und das Nichts: Versuch einer phänomenologischen Ontologie, Übersetzt von Hans Schöneberg und Traugott König, 1993, Hamburg: Rowohlt Taschenbuch.

Kapitel 3

Asimov, I. *I, Robot.* 1950, New York: Gnome Press.
Bostrom, N. Superintelligenz: Szenarien einer kommenden Revolution, Übersetzt von Jan-Erik Strasser, 2016, Berlin: Suhrkamp Verlag
Russell, S. Human Compatible: Artificial Intelligence and the Problem of Control, 2019, New York: Viking.
Zuboff, S. (2019). *The Age of Surveillance Capitalism: The Fight for a Human Future at the New Frontier of Power.* 2019, New York: Public Affairs.

Kapitel 4, 5 und 6

Aristoteles. Metaphysik. Meiner Philosophische Bibliothek, griechisch-deutsch, übersetzt von Hermann Bonitz und bearbeitet von Horst Seidl, 2023, Hamburg: Meiner Verlag.
Bostrom, N. Superintelligenz: Szenarien einer kommenden Revolution, Übersetzt von Jan-Erik Strasser, 2016, Berlin: Suhrkamp Verlag
Damasio, A. R. *Descartes' Irrtum: Fühlen, Denken und das menschliche Gehirn*, Übersetzt von Hainer Kober, 1995, München: List Taschenbuch.

Damasio, A. R. *Ich fühle, also bin ich: Die Entschlüsselung des Bewusstseins*, Übersetzt von Hainer Kober, 2002, München: List Verlag.
Deutsch, D. *The Fabric of Reality: The Science of Parallel Universes – and Its Implications.* 1998, London: Penguin.
Eccles, J. C. How the Self Controls Its Brain, 1994, Berlin: Springer.
Eccles, J. C., & Popper, K. R. The Self and Its Brain: An Argument for Interactionism, 1977, New York: Springer.
E. T. A. Hoffmann: *Der Sandmann.* Hrsg. von Max Kamper, 2015, Stuttgart: Reclam.
Lévy, P. *Die kollektive Intelligenz. Für eine Anthropologie des Cyberspace*, 1997, Mannheim: Bollmann.
Kurzweil, R. *The Singularity Is Near: When Humans Transcend Biology*, 2006, New York: Penguin Publishing Group.
Shannon, C. E. (1948). A Mathematical Theory of Communication. In *The Bell System Technical Journal, 27*(3), 379–423, 623–656.
Van Parijs, P., & Vanderborght, Y. Basic Income: A Radical Proposal for a Free Society and a Sane Economy, 2019, Cambridge, MA: Harvard University Press.

Kapitel 7 und 8

Dennett, D. C. *Consciousness explained*, 1991, Boston, MA: Little, Brown and Company.
LeDoux, J. *Bewusstsein: Die ersten vier Milliarden Jahre.* Übersetzt von Sebastian Vogel, 2020, Stuttgart: Klett-Cotta.
Lehmann, K. Das Bewusstsein der Tiere: Eine neurobiologische Exkursion zu den Gipfeln des Geistes, 2024, Berlin: Springer.
Raichle, M. E., MacLeod, A. M., Snyder, A. Z., Powers, W. J., Gusnard, D. A., & Shulman, G. L. (2001). A default mode of brain function. *Proceedings of the National Academy of Sciences of the United States of America, 98*(2), 676–682.
Searle, J. R. (1992). The rediscovery of the mind. Cambridge, MA: MIT Press.

Sidiropoulos, K. (2023). Neuronale Netzwerke und ADHS – Intrinsische Bereitschaftsnetzwerke (DMN). In: Sidiropoulos, K. (Hrsg.) EEG-Neurofeedback bei ADS und ADHS: Innovative Behandlung von Kindern, Jugendlichen und Erwachsenen. 1. Auflage. Heidelberg, Springer.

Kapitel 9, 10 und 11

Bell, J. S. Speakable and unspeakable in quantum mechanics., Online 2011, Cambridge: Cambridge University Press.
Bohm, D. *Wholeness and the implicate order*, 2002, London: Routledge.
Bohm, D., & Hiley, B. J. The undivided universe: An ontological interpretation of quantum theory, 1993, London: Routledge.
Einstein, A., Podolsky, B., & Rosen, N. (1935). Can quantum-mechanical description of physical reality be considered complete? Physical Review, 47, 777–780.
Everett, H. (1957). The theory of the universal wavefunction (Dissertation).
Hameroff, S., & Penrose, R. (1996). *Orchestrated reduction of quantum coherence in brain microtubules: A model for consciousness.* Mathematics and Computers in Simulation, 40(3–4), 453–480.
Heisenberg, W. Physics and philosophy: The revolution in modern science, 2000, London: Penguin Classics.
Maudlin, T. Philosophy of physics: Quantum theory, 2019, Princeton: Princeton University Press.
Schrödinger, E. (1935). Die gegenwärtige Situation in der Quantenmechanik. Naturwissenschaften, 23(49), 807–812.

MIX
Papier aus verantwortungsvollen Quellen
Paper from responsible sources
FSC® C105338

If you have any concerns about our products,
you can contact us on
ProductSafety@springernature.com

In case Publisher is established outside the EU,
the EU authorized representative is:
**Springer Nature Customer Service Center GmbH
Europaplatz 3, 69115 Heidelberg, Germany**

Printed by Libri Plureos GmbH
in Hamburg, Germany